Angelika Schmelzer

Mein erstes eigenes Pferd

Müller Rüschlikon

Impressum

Einbandgestaltung: Kornelia Erlewein

Das Titelfoto und alle Bilder im Innenteil stammen von Angelika Schmelzer
www.angelika-schmelzer.de

Alle Angaben in diesem Buch wurden nach bestem Wissen und Gewissen gemacht. Sie entbinden den Pferdehalter nicht von der Eigenverantwortung für sein Tier. Für einen eventuellen Missbrauch der Informationen in diesem Buch können weder die Autorin noch der Verlag oder die Vertreiber des Buches zur Verantwortung gezogen werden. Eine Haftung für Personen-, Sach- und Vermögensschäden ist ausgeschlossen.

ISBN 978-3-275-01907-6

Postfach 103743, 70032 Stuttgart
Ein Unternehmen der Paul Pietsch Verlage GmbH & Co. KG
Lizenznehmer der Bucheli Verlags AG, Baarerstr. 43, CH-6304 Zug

1. Auflage 2013

Sie finden uns im Internet unter www.mueller-rueschlikon-verlag.de

Gesamtleitung: Claudia König
Lektorat: Steffi Gaede
Innengestaltung: Kerstin Diacont
Druck und Bindung: Graspo CZ, 76302 Zlin
Printed in Czech Republic

Vorwort

Vorwort

Mit dem Kauf eines ersten eigenen Pferdes geht für Reiter und andere Pferdefreunde ein oft lang gehegter Traum in Erfüllung: Jahrelang hat man im Reitunterricht geschwitzt, eifrig das Taschengeld gespart, vielleicht auch die Eltern mit guten Schulnoten zu bestechen versucht, hat den Lebenspartner mit immer neuen Überredungskünsten genervt oder sich ganz alleine für die Verwirklichung dieses Lebenstraums abgearbeitet. Irgendwann erscheint der Traum zum Greifen nahe – und plötzlich tun sich Zweifel auf! Bin ich dem überhaupt gewachsen? Mache ich nicht einen großen Fehler? Und wie stelle ich es am besten an?

Es sind oft die besonders engagierten Pferdefreunde, denen das Ausmaß der kommenden Verantwortung am meisten bewusst ist und die sich angestrengt bemühen, dem gerecht zu werden. Eine solide Basis aus Wissen und stetig umfassender werdenden Erfahrungen hilft dabei, gravierende Probleme möglichst zu vermeiden und die unweigerlich auftretenden Stolperfallen des reiterlichen Alltags geschickt zu umgehen. Auf dem Weg vom »Soll« zum »Ist« – vom Wunsch zu dessen Erfüllung – ist ein Leitfaden hilfreich, der die wichtigsten anfallenden Fragen beantwortet, Tipps und Hinweise bereithält und damit auch ein Stück Sicherheit auf diesem Weg vermittelt, den man nun zum ersten Mal beschreitet. Noch wichtiger ist diese Hilfestellung, wenn der Verantwortliche selbst in Pferdedingen eher unbeleckt ist, wenn etwa ein Pferd für das eigene Kind angeschafft werden soll, den Eltern aber jede eigene Erfahrung in Sachen Pferde und Reiten fehlt.

Dieses Buch will nicht nur beraten und helfen, sondern motivieren, will Lust machen, sich auf ein großes Abenteuer einzulassen. Wie sehr Pferde unser Leben bereichern und verändern, merken auch gestandene Pferdeleute oft erst im Rückblick. Der Kauf des ersten eigenen Pferdes ist eine deutliche Zäsur, die das Leben in eine Zeit davor und eine Zeit danach einteilt. Das Abenteuer »eigenes Pferd« beginnt, auf geht´s!

1

Ich wär dann so weit!

1. Ich wär dann so weit!

Einen »Führerschein fürs eigene Pferd« gibt es nicht, obwohl es ihn geben sollte. Die Kontrollinstanz ist deshalb der Pferdefreund selbst, der aufgefordert ist, kritisch zu überlegen: Bin ich reif fürs eigene Pferd? Das ist auch, aber nicht nur, eine Frage des Alters. Es ist auch, aber nicht nur, eine Frage der Reiterfahrung, auch, nicht nur, eine Frage der finanziellen Möglichkeiten. Ob Sie bereit sind, hängt von vielen Faktoren ab.

Reiterliche Grundlagen

»Ich kann schon reiten!« vermeldet so manches Ferienkind stolz beim Beginn der heiß ersehnten Reiterferien. Das kann alles Mögliche bedeuten, von »Ich reite seit Jahren, habe ein Pflegepferd und nehme regelmäßig Reitunterricht. Bin im Gelände und in der Reitbahn sattelfest und habe Erfahrungen mit unterschiedlichen Pferden sammeln können« bis zu »Ich war letztes Jahr schon einmal für eine Woche Reiterferien hier.« Wird der Mensch zum Reiter, erschließt sich ihm oft erst nach längerer Zeit das ganze Ausmaß des eigenen Un-Wissens und Nicht-Könnens und es sind gerade die guten Reiter, die kaum von sich behaupten würden »Ich kann schon reiten.«

Jeder Ritt, aber auch jede andere Trainingseinheit (etwa beim Longieren), jedes Zusammensein mit dem Pferd bringt neue Erkenntnisse, vermehrt unser Wissen und unsere Erfahrung. Auch ist die Welt von Pferd und Reiter so bunt und vielgestaltig, dass es immer wieder Neues zu entdecken gibt. Und nicht zuletzt ist jedes Pferd anders, bringt sein ganz persönliches Exterieur, Interieur und Gangwerk, sein individuelles charakterliches Make-up in die Partnerschaft mit ein. Das bedeutet, dass jedes Pferd anders geritten, longiert, behandelt werden will und muss. Sich diese Kenntnisse anzueignen, kostet Zeit, viel Zeit!

Das Abenteuer »eigenes Pferd« – ohne Reitkenntnisse undenkbar, je mehr, desto besser. Wer seit einigen Jahren Reitunterricht nimmt, vielleicht schon den einen oder anderen Lehrgang mitgemacht hat, sich um ein Pflegepferd kümmert und nicht nur in der Reitbahn, sondern auch im Gelände Erfahrungen sammeln durfte, ist gut aufgestellt. Ganz entscheidend ist die Qualität des Reitunterrichts: Kleine Gruppen, gute Pferde, eine abwechslungsreiche Gestaltung, viel Rückmeldung durch einen engagierten und qualifizierten Reitlehrer, so und nur so lernt man Reiten. Als Vorbereitung auf das Reiten mit dem eigenen Pferd ist es unerlässlich, dass nicht nur in der Abteilung geritten wird. Im Gänsemarsch hintereinander her, das können die meisten Schulpferde im Schlaf. Sie reagieren oft mehr auf die Anweisungen des Reitlehrers als auf die des Reiters und das ist dem Reitanfänger oft nicht bewusst und vermittelt ihm ein falsches, unrealistisch positives Bild vom Ausmaß des eigenen Könnens. Erst, wenn die Abteilung aufgelöst und durcheinander geritten wird, wenn der Reiter Einzelaufgaben absolviert, erhält er einen realistischen Eindruck.

Wie gut die eigenen Reitkenntnisse sein sollten, hängt auch vom Pferd ab. Es gelten zwei Grundsätze: Ein unerfahrener Reiter braucht ein erfahrenes Pferd, während ein guter Reiter mit einem weniger weit ausgebildeten Pferd zurechtkommt. Und:

Reitunterricht bei einem qualifizierten Trainer macht fit fürs eigene Pferd.

Je besser die Unterstützung durch das Umfeld, desto eher können Defizite bei Reiter und Pferd aufgefangen werden. Das Pferd darf immer »eine Nummer zu groß« sein für den Reiter, nicht bezüglich des Stockmaßes, sondern was seine Ausbildung, sein Interieur, sein Gangwerk angeht, bei sehr guter Unterstützung durch das Umfeld auch zwei Nummern – mehr aber nicht. Der Reiter will dazulernen, sucht Herausforderungen, denen er gewachsen ist, die aber das gemeinsame Tun spannend und interessant gestalten. Ein gemessen am eigenen Können zu »einfaches« Pferd kann mit diesen Ansprüchen bald nicht mehr Schritt halten und langweilt den unterforderten Reiter.

Noch wichtiger: Das richtige Umfeld fürs Pferd

Jedes Pferd hat Bedürfnisse, die allen Pferden gemein sind und die man deshalb »arttypische Bedürfnisse« nennt. Werden sie nicht erfüllt, leidet das Pferd und wird krank oder entwickelt Verhaltensstörungen. Der Pferdehalter verstößt gegen das Tierschutzgesetz, wenn er nicht dafür sorgt, dass diese Bedürfnisse des eigenen Pferdes erfüllt werden. Das Problem: Im Rahmen des üblichen Reitunterrichts lernt man über die Zeit meist mehr oder weniger gut reiten, erfährt aber oft kaum etwas über Pferde und ihre Bedürfnisse, darüber, wie man sie korrekt hält, füttert und pflegt. Es ist aber genau dieses »Drumherum«, das im Leben eines Pferdes die größte Rolle spielt, während die Arbeit unter dem Sattel weniger ins Gewicht fällt. Ein optimal an seinen Bedürfnissen orientiertes Lebensumfeld wiegt die Nachteile eines weniger gut verlaufenden Trainings unter dem Sattel weitgehend auf, während der beste Reiter der Welt sein Pferd nicht glücklich machen kann, wenn er es nach

Welsh Pony Momo und Nachwuchs-Cowboy Lenny sind ein tolles Team, weil Mama Tanja die beiden unterstützt.

einem olympiareifen Traumritt alleine in die dunkle Gitterbox stellt und 23 Stunden darin belässt. Wer dies nicht nachvollziehen kann, darf sich nicht Pferdefreund nennen.

Deshalb ist die Frage »Bin ich reif fürs eigene Pferd?« am Ausbildungsstand in Sachen Reiten alleine nicht festzumachen. Kommt zu soliden Grundkenntnissen im Reiten genügend Wissen und Erfahrung bezüglich Haltung, Fütterung, Bodenarbeit, Ausrüstung und medizinischer Versorgung hinzu sowie die Bereitschaft, dazuzulernen, dann darf das erste eigene Pferd daheim einziehen – es wird sich bei seinem neuen Besitzer wohlfühlen und ihm alles, was er noch nicht weiß, beibringen. Das nämlich können unsere Pferde gut …!

Riffa und ihre kleine Freundin sind artgerecht untergebracht und werden fachkundig versorgt.

Mutter und Tochter ziehen in Sachen Pferd an einem Strang und Gambara profitiert davon.

Noch ein Knackpunkt: Mama, Papa, Onkel, Tanten, nicht zu vergessen die eigenen Kinder, der feste Freund oder Ehepartner, die Clique, das eigene soziale Umfeld. Stößt der Wunsch des Pferdefreundes an allen Fronten auf Kritik und Ablehnung, kann er seinen Traum vom eigenen Pferd vergessen.

Gegen den Widerstand des gesamten Umfelds lässt sich langfristig ein solch aufwendiges und kostenintensives Vorhaben kaum durchsetzen, mit dessen Unterstützung oder zumindest Toleranz sieht die Sache schon anders aus.

Was kostet der Spaß?

2. Was kostet der Spaß?

Staunend lesen wir von Weltklassepferden, die für etliche Millionen über die Ladentheke wandern und sparen eifrig unser Taschengeld, um irgendwann einmal den Kaufpreis für ein nicht ganz so teures Modell aufbringen zu können. Lange wird hin und her überlegt, wie viel Geld das Traumpferd höchstens kosten darf und hochgerechnet, wann man die Kohle endlich beisammen hat. Langjährige Pferdebesitzer können darüber nur müde lächeln. Sie wissen, dass langfristig der Kaufpreis des Pferdes gemessen an den laufenden Kosten für dessen Unterhalt schlicht keine Rolle spielt.

Wenn hier schon in Kapitel 2 die Rede von den Kosten ist, obwohl das Pferd noch lange nicht im Stall steht, hat das seinen guten Grund: Pferdeliebe, Fachwissen, Reitkenntnisse, Fürsorglichkeit – diese und andere Faktoren treten in den Hintergrund, wenn die finanzielle Grundlage fehlt. Wer sich schon den Kaufpreis vom Munde absparen muss, darf kein Pferd kaufen, da er die laufenden Kosten nicht tragen können wird. So hart es ist: Die Sache mit dem Traumpferd ist eine teure Angelegenheit. Nach dem Kauf ist es zu spät, sich hierüber Gedanken zu machen – also wird jetzt ein bisschen gerechnet!

Die Gesamtkosten verteilen sich auf vier Posten:

- Kaufpreis des Pferdes samt damit verbundene Kosten (Ankaufsuntersuchung, Transport ...)
- Kosten für einmalige Anschaffungen (Sattel, Gebiss, Zaumzeug, Putzzeug, Longe ...)
- Laufende, wiederkehrende Posten (Pension, Hufpflege/Hufbeschlag, Reitunterricht, Impfungen, Entwurmungen, Versicherungen ...)
- Unvorhergesehene Ausgaben (Krankheiten und Verletzungen, neuer Sattel, Beritt ...)

Nur einen Teil dieser Kosten kann der Pferdefreund langfristig zuverlässig kalkulieren, nur einen Teil selbst steuern (etwa durch Verzicht auf unnütze Ausgaben). Wenn etwa steigende Stahlpreise auch die Kosten für den Hufbeschlag in die Höhe treiben oder eine schlechte Ernte die Preise für Heu explodieren lässt, kann der Pferdebesitzer das nur zähneknirschend hinnehmen – und zahlen.

Gute Pferde, gutes Geld

Gute Pferde kosten gutes Geld, an diesem Grundsatz gibt es nichts zu rütteln. Allerdings gehen die Meinungen, was ein gutes Pferd ist, weit auseinander. »Was dem einen sin Uhl, ist dem andern sin Nachtigall« – das trifft ganz sicher auch auf Pferde zu.

Die Höhe des Kaufpreises richtet sich nach der Qualität des Pferdes, seinem Ausbildungsstand und seinem Alter. Es spielt weiterhin eine Rolle, ob und welche Erfolge es möglicherweise vorzuweisen hat. Die Beliebtheit der Rasse wirkt sich ebenfalls auf den Preis aus, denn liegt die Rasse gerade im Trend, wird es sofort ein wenig teurer, weil die Nachfrage steigt. Auch die Qualität der Eltern und Vollgeschwister wird, insbesondere bei potenziellen Zuchtpferden, mit in den Preis hinein gerechnet. Natürlich sind Rassepferde mit Abstammungsnachweis immer ein gutes Stück teurer als Pferde mit ungewisser Herkunft. Der Kaufpreis liegt für ein gut gerittenes Pferd mittlerer Güte und mittleren Alters einer verbreiteten Rasse zwischen 3.000 und 5.000 €, wobei sich mit Glück ein Schnäppchen für weniger Geld findet.

Ein tolles Pferd – ganz schön schön, und ganz bestimmt auch ganz schön teuer, aber jeden Cent wert!

Daneben gibt es aber auch andere, weniger offensichtliche Faktoren. So kostet jedes Jahr der Aufzucht den Züchter natürlich Geld. Je länger sein Nachwuchs herumsteht und ihm die Haare vom Kopf frisst, desto mehr Geld muss er verauslagen, bevor er seine Jungpferde verkaufen kann. Wird ein junges Pferd ein Jahr früher angeritten und verkauft, hat der Züchter entweder ein Jahr Aufwendungen für die Aufzucht gespart oder er kann sein Pferd günstiger anbieten und so leichter einen Käufer finden. Der Käufer wiederum freut sich, dass er vielleicht 1.000 € weniger für ein – vermeintlich – gleich gutes Pferd hingelegt hat als beim Züchterkollegen, der seinem Nachwuchs mehr Zeit zum Wachsen und Reifen gönnt. Das führt dazu, dass die Kindheit und Jugend unserer Pferde oft aus finanziellen Erwägungen verkürzt wird. Gleiches gilt für die Qualität und Dauer der Grundausbildung und natürlich auch für alle Kosten, die der Züchter für seinen Nachwuchs verauslagt. Entwurmt er alle seine Jungpferde statt viermal jährlich nur zweimal im Jahr, spart er an Zufutter, an der Hufpflege, an Impfungen und anderen Posten, steht er auf Kosten der Langlebigkeit und Gesundheit seines Nachwuchses finanziell günstiger da. Diese oft kritisierten Praktiken ließen sich am Markt nicht durchsetzen, würde der Käufer bereit sein, seinem Zukünftigen über den Kaufpreis einen pferdegerechten Start ins Leben zu finanzieren.

Wer meint, mit dem Kauf eines Fohlens billiger wegzukommen, sollte zuvor ein ernsthaftes Gespräch mit einem erfahrenen Züchter führen. Ein gutes Fohlen oder ein Absetzer kostet weitaus weniger als ein ausgewachsenes, gar ein angerittenes Pferd, rechnet man aber die Kosten für die Aufzucht hinzu wird schnell klar, dass dies eine Milchmädchenrechnung ist. Und: Im Zeitraum zwischen Kauf und Nutzung trägt der Besitzer das volle Risiko. Es können unkalkulierbare Kosten hinzukommen, das Pferd kann versterben oder sich als ungeeignet für die beabsichtigte Nutzung erweisen. Wer ein angerittenes oder gut gerittenes Pferd erwirbt, umgeht diese Risiken und kann seinen zukünftigen Kumpel zuvor auf Herz und Nieren auch unter dem Sattel prüfen.

Zum Kaufpreis für das Pferd kommen die Kosten für eine gründliche Untersuchung durch den Tierarzt sowie den Heimtransport hinzu. Eine Ankaufsuntersuchung gibt Auskunft über den aktuellen Gesundheitszustand des Pferdes, erlaubt aber keine Aussage für die Zukunft. Bei gerittenen Pferden gehö-

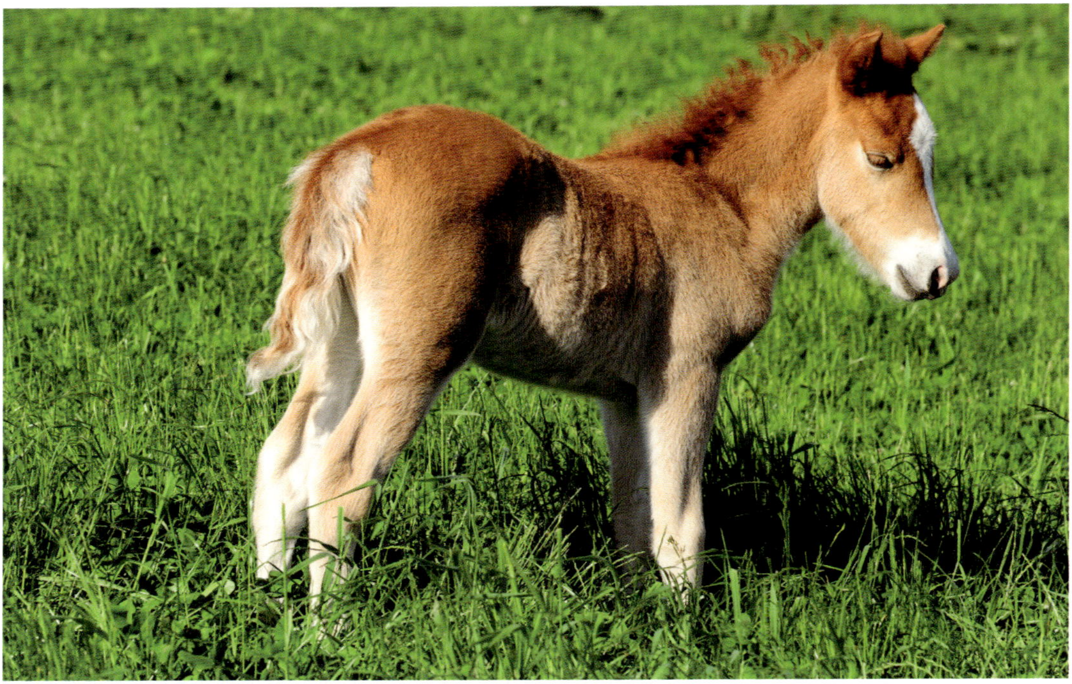

Was der Züchter finanziell in seine Nachzucht steckt, nutzt dem Käufer.

ren Röntgenaufnahmen der Gliedmaßen hinzu, ebenso bei allen Pferden, bei denen die Untersuchung durch den Tierarzt Hinweise auf mögliche Probleme ergeben hat.

Einkaufsbummel

Wer ein Pferd kauft, braucht eine passende Ausrüstung dazu. Manchmal können bei einem gerittenen Pferd Teile seiner Ausstattung vom Vorbesitzer übernommen werden, etwa Sattel, Zaumzeug und Gebiss, manchmal muss der neue Besitzer sich selbst auf die Suche machen. Und jetzt wird es richtig teuer – oft liegen schon die Kosten für die Erstausstattung über dem Kaufpreis des Pferdes. Zu den ersten Anschaffungen gehören mindestens die folgenden Ausrüstungsgegenstände:

- Sattel und Sattelzubehör,
- Halfter und Führstrick,
- Zaumzeug und Gebiss,
- Abschwitzdecke und Transportgamaschen,
- Putzzeug und Putzkoffer,
- Ausrüstung für die Bodenarbeit: mindestens Longiergurt, Longe und Kappzaum oder Arbeitszaum.

Bei guter Qualität kommt man auf eine Summe von 2.500 bis 3.000 €, ohne Extras, ohne Sonderwün-

oben: Bei der Erstausstattung ist ein guter, passender Sattel der wohl dickste Brocken.

unten: So schöne Hallen finden sich nur auf professionell betriebenen Anlagen, und das schlägt sich im Pensionspreis nieder.

sche, ohne Schnickschnack. Im Laufe der nächsten Zeit werden nach und nach weitere Anschaffungen fällig, etwa eine Fliegendecke, Springglocken, eine Doppellonge oder ein zweiter Sattelgurt. Und damit nicht genug: Zügel können kaputt gehen, Steigbügelriemen reißen, Sättel müssen regelmäßig aufgepolstert, zerrissene Decken ersetzt werden ... Wer jetzt spontan »Fass ohne Boden« assoziiert, liegt genau richtig!

(Davon-)Laufende Kosten

Jetzt kommt der umfangreichste Posten, der sich aus den laufenden Kosten für die Unterbringung und Versorgung des Pferdes ergibt. Je nachdem, auf welcher wirtschaftlichen Grundlage eine Stallanlage steht, sind auch die Pensionskosten unterschiedlich hoch.

Bei einer Haltergemeinschaft teilt man sich alle anfallenden Kosten, es wird kein Gewinn erwirtschaftet. Der Pferdebesitzer versorgt sein Pferd selbst oder teilt sich die Stallarbeit mit den anderen Pferdehaltern. Meist ist die Ausstattung des Stalles einfach und es gibt kaum Möglichkeiten, sein Pferd auf einer Reitbahn oder in einem Longierzirkel zu bewegen.

Natürlich können Pferde auch in Eigenregie gehalten werden, dies ist aber insbesondere Erst-Besitzern nicht anzuraten. Ihnen fehlt die Erfahrung, fehlen wichtige Kontakte (Wer entsorgt den Mist? Woher bekomme ich jetzt noch gutes Heu?) und nicht zuletzt fehlt mindestens ein weiteres Pferd – Pferde können und dürfen nicht alleine gehalten werden. Und: Langjährige Pferdehalter stöhnen oft, man könne Pferde entweder halten oder reiten, aber nicht beides.

Professionell betriebene Anlagen punkten nicht nur mit großzügiger Ausstattung – Reitbahn(en), Longierzirkel, Weiden, Schlechtwetterpaddocks – sondern auch mit gutem Service, der dem Pferdebesitzer die meisten Arbeiten rund ums Pferd ab-

Vornehme Zurückhaltung ist unseren Pferden fremd: Es wird herzhaft zugelangt, der Besitzer zahlt´s schon!

Impfungen müssen sein, und Impfungen kosten Geld.

nimmt. Die Aufstallung als Pensionspferd schenkt dem Besitzer die Freiheit, sich ausgiebig und unbelastet mit seinem Pferd beschäftigen zu können, hat aber auch ihren Preis. Je nach Ausstattung, Lage und Haltungsform bewegen sich die monatlichen Kosten zwischen etwa 200 € (Robusthaltung im ländlichen Raum, bei Eigenleistungen auch weniger) bis 600 € und mehr (exklusiver Turnierstall mit Boxen im Ballungsraum). Darin enthalten sind Posten wie die Unterbringung des Pferdes, Raufutter und Einstreu, Weidegang während der Weidesaison, damit verbundene Arbeiten (Entmisten, Füttern, Verbringen auf die Weide und zurück zum Stall) sowie die Nutzung aller oder einiger Elemente der Anlage. Besondere Einrichtungen wie etwa Führanlage, Waschplatz oder Solarium werden oft mit Wertmarken betrieben und kosten extra.

Während in kommerziellen Ställen Raufutter und Einstreu, in manchen auch das Kraftfutter vom Betreiber gestellt wird, kommen bei einer Haltergemeinschaft oder bei Haltung in Eigenregie diese Posten noch hinzu. Der Pferdebesitzer muss je nach Bedarf seines Pferdes mit weiteren Kosten zwischen etwa 20 € und 60 € monatlich alleine für Kraftfutter und Zusatzfuttermittel rechnen. Die Kosten für Raufutter und Einstreu können an dieser Stelle nicht einmal geschätzt werden, da sie in den letzten Jahren enormen Schwankungen unterlagen.

Das Pferd ist gut untergebracht, wird gefüttert und entmistet, ist rundum versorgt – war es das? Leider nein: Etwa alle acht Wochen wird ein neuer Hufbeschlag fällig, der für 80 bis 100 € zu haben ist, der Winterbeschlag (Stollen, Hufgrip, Widiastifte) liegt noch einmal 20 bis 30 € darüber. Barhuf gehende Pferde müssen regelmäßig vom Fachmann gepflegt werden und/oder tragen zum Einsatz Hufschuhe. Pferde mit orthopädischen Problemen benötigen besondere Beschläge, die teurer sind. Alternative Hufbeschlagsformen liegen preislich meist auf einem vergleichbaren Niveau wie konventionelle Beschläge. Reitunterricht ist nicht zum Nulltarif zu haben und für alle Pferdefreunde Pflicht. Die unbedingt notwendige Tierhalterhaftpflichtversicherung kostet geschätzte 100 bis 150 € im Jahr. Für die Impfungen gegen Tetanus und Tollwut und Entwurmungen viermal jährlich muss der Pferdebesitzer

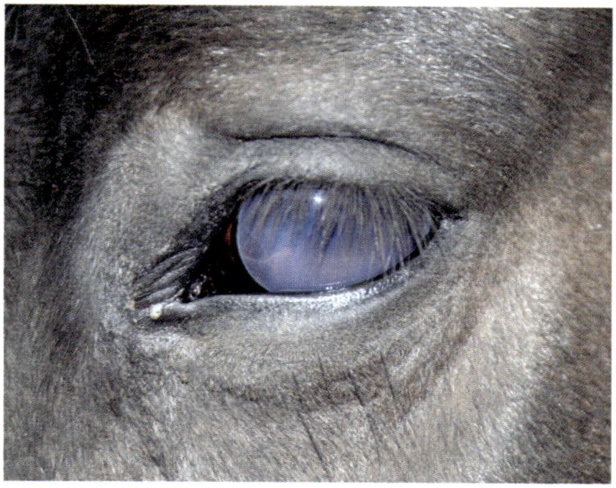

Unverhofft kommt oft – chronische Krankheiten wie die Periodische Augenentzündung lassen die laufenden Kosten langfristig ansteigen.

mit Kosten von mindestens 200 € jährlich rechnen, bei Pferden, die an Wettbewerben teilnehmen und deshalb weitere Impfungen benötigen, wird es noch teurer.

Alles in allem kommt man vorsichtig geschätzt mindestens auf die in der Tabelle unten dargestellte Summe. Fast 4.000 € jährlich, vorsichtig geschätzt. Ohne Schnickschnack, ohne Extras, ohne unvorhergesehenes. Und das für die nächsten zwanzig Jahre, macht zusammen 73.800 €. Schluck. Das Pferd wird es übrigens nicht interessieren, ob seinem Besitzer gekündigt wird, ob nach einer schlechten Ernte das Heu teurer wird und der Pensionspreis entsprechend steigt, ob ein notwendiger Spezialbeschlag bezahlt werden kann, ob ein Umzug einen Wechsel in einen teureren Stall nach sich zieht ...

Unverhofft kommt oft

Das wird ein ganz kurzer Abschnitt, der eigentlich nur eine Warnung enthält: Zu den bereits angeführten Kosten müssen nicht, aber können jederzeit weitere hinzukommen, die sich im Vorfeld kaum einschätzen lassen. Das fängt an mit einem verlorenen Hufeisen, für das der Schmied extra anrücken muss – und der will dafür bezahlt werden – und geht bis zu einer Kolikoperation, die samt Klinikaufenthalt und Nachsorge mit mehreren Tausend Euro zu Buche schlägt. Bestimmte Risiken können durch entsprechende Versicherungen – etwa eine Operationskostenversicherung – aufgefangen werden, doch auch die gibt es nicht umsonst. Der Pferdehalter sollte deshalb entweder eine komfortabel hohe Summe in der Hinterhand haben, weitere Versicherungen abschließen oder monatlich etwas Geld zurücklegen.

Posten		monatlich	Kosten pro Jahr
Pension	12 x	200 €	2.400 €
Kraft- und Zusatzfutter	12 x	20 €	240 €
Hufbeschlag	5 x	85 €	425 €
Winterbeschlag	1 x	125 €	125 €
Reiterliche Weiterbildung mindestens			200 €
Versicherung mindestens			100 €
Medizinische Vorsorge und Grundversorgung			200 €
Summe der Aufwendungen pro Jahr			3.690 €

3 Eigenes Pferd auf Probe – Reitbeteiligungen

3. Eigenes Pferd auf Probe – Reitbeteiligungen

Wer angesichts der im letzten Kapitel angeführten Zahlen ein wenig blass um die Nase geworden ist, sei getröstet: Den meisten Pferdebesitzern gelingt es, die finanziellen Hürden rund um den Pferdebesitz ohne Fehler und Überschreitung der zulässigen Zeit zu nehmen, allerdings nie ohne eigene Opfer.
Wer aber beschließt, den Pferdekauf ein wenig zu verschieben, bis die Ausbildung abgeschlossen, das Studium beendet, der Hausbau vollzogen, die Kinder ein wenig größer sind, kurz, bis die finanzielle Basis ein wenig stabiler ist, muss deshalb seinen Traum nicht ganz begraben. Diese Zeit lässt sich mit einem »eigenen Pferd auf Probe« hervorragend überbrücken. Eine Reitbeteiligung ist eine empfehlenswerte Kompromisslösung, die allen Beteiligten Vorteile verspricht. Denn nicht alleine der dem Schulpferdreiten entwachsene begeisterte Reiter und Pferdefreund profitiert davon, sich teilverantwortlich um ein Pferd zu kümmern und neben dem Reiten auch andere Aufgaben rundherum wahrzunehmen, auch viele Pferdebesitzer suchen eine zuverlässige, kompetente Reitbeteiligung, um die finanziellen und organisatorischen Lasten nicht alleine schultern zu müssen. Warum also nicht die Verantwortung teilen und dafür ein kleines Stück vom Glück abgeben? Eine gute Lösung, die letztlich auch dem Pferd zu Gute kommt, das nun von vier zupackenden Händen versorgt, vier Augen überwacht, zwei Geldbeuteln finanziert und zwei Kehrseiten geritten wird. »Geteiltes Leid ist halbes Leid, geteiltes Glück ist doppeltes Glück.« Das gilt auch für Reitbeteiligungen.

Win-win-win-Situation

Wenn außer dem Besitzer und Halter des Pferdes eine zweite Person ein vertraglich festgelegtes Nutzungsrecht an einem Pferd ausübt, spricht man von einer Reitbeteiligung. Umgangssprachlich wird sowohl der Mit-Pfleger und -Reiter als auch das betreffende Pferd als Reitbeteiligung bezeichnet. Damit eine Reitbeteiligungsvereinbarung als Gewinn auf der ganzen Linie gelten kann, muss jeder

Zunftmeister kann sich über Frauchens Schwangerschaft mitfreuen, denn seine Reitbeteiligung Julia kümmert sich ganz toll um ihn, wenn Frauchen mal nicht kann.

Für Lea ist Hiro fast wie ein eigenes Pferd, für Hiro ist Lea sein geliebtes Zweit-Frauchen.

Simone kümmert sich zuverlässig um Pflegepferd Lee und hält sich an getroffene Vereinbarungen – ein Muss in der Dreierbeziehung »Reitbeteiligung«.

der drei Partner unterm Strich Vorteile für sich sehen können, die etwaige Nachteile zumindest aufwiegen.

Der ***Pferdebesitzer*** wird finanziell und/oder organisatorisch entlastet. Vor allem, wenn sich die eigenen Lebensumstände einschneidend ändern – Heirat, Kinder, Studium, Arbeitslosigkeit – tut es gut, wenn man einen Helfer an seiner Seite weiß. Mit einer Reitbeteiligung lassen sich finanzielle Engpässe, Zeitnot und Überforderung besser überstehen.

Als Gegenleistung für die reiterliche Nutzung wird mit der Reitbeteiligung in der Regel eine finanzielle Vergütung, die den Charakter einer Aufwandsentschädigung hat und/oder Mithilfe bei der Versorgung des Pferdes vereinbart. Fördert die Reitbeteiligung die Ausbildung des Pferdes, wird dies meist als angemessene Gegenleistung verstanden; die Erwartung, dass der Mit-Reiter sich auch zusätzlich finanziell und/oder durch Mithilfe am Stall erkenntlich zeigen sollte, führt meist zu Spannungen, da die Reitbeteiligung sich ausgenutzt fühlt.

Der Besitzer muss darauf vertrauen können, dass die Reitbeteiligung sorgsam mit dem Pferd umgeht und sich an getroffene Vereinbarungen hält, wird sich aber auch damit abfinden müssen, dass jeder Mensch, jeder Reiter eine individuelle Einstellung mitbringt. Ein Roter Faden sollte nach Maßgabe des Eigentümers eingehalten werden, allzu viele Einschränkungen und Vorschriften aber schrecken auch den engagiertesten Mit-Reiter ab. Es hilft allen Beteiligten, die Grundprinzipien von Umgang und Arbeit mit dem Pferd in groben Zügen schriftlich zu fixieren und sich darauf zu verständigen. Dazu gehört auch deutlich auszusprechen, dass der Mit-Reiter seinen Teil dazu beträgt, dass die Ausrüstung gepflegt wird. Auch das gemeinsame Führen eines Trainingstagebuchs kann helfen, Missverständnisse zu vermeiden und das Training auf eine solide Basis zu stellen.

Der ***Mit-Reiter*** ist oft ein »Grenzgänger«: Dem Reitunterricht auf Schulpferden entwachsen oder zumindest zu den Besseren gehörend, aber noch nicht bereit fürs eigene Pferd, sucht er oder sie nach neuen Aufgaben. Als Reitbeteiligung kann man entscheiden, wie stark man sich finanziell und organisatorisch engagiert und bleibt frei von der eigentlichen Verantwortung. Man kann sich problemlos zurückziehen, wenn es nicht nach Wunsch läuft. Reiterlich sind Freiheiten und Fortschritte möglich, die sich im Reitunterricht auf Schulpferden nicht verwirklichen lassen. Endlich hat man auch die Chance, sich in Bodenarbeit zu üben, dem Schmied aufzuhalten, dem Tierarzt zu assistieren, das Pferd auf die Weide und zurück zu führen, einfach Zeit mit ihm zu verbringen. Es kann so eine persönliche Beziehung zwischen Pferd und Mensch aufgebaut werden. Die allerdings birgt auch ein gewisses Gefahrenpotenzial: Wird der Pferdebesitzer auf die innige Beziehung zwischen Pferd und Mit-Reiter eifersüchtig, ist dies oft der Anfang vom Ende der fruchtbaren Dreierbeziehung. Zudem haben freundschaftliche Bande zwischen Pferd und Reitbeteiligung auch Nachteile für den Mit-Reiter, dann nämlich, wenn die Beziehung beendet werden muss – der Abschied fällt schwer und diesen Preis muss man früher oder später zahlen, wenn das Ziel das eigene Pferd ist und bleibt.

Traurig, aber unvermeidlich: Wenn die Zeit gekommen ist, werden die beiden sich trennen müssen.

Als Nutznießer eines Pferdes muss man sich darüber im Klaren sein, dass die Vorgaben des Pferdebesitzers Vorrang vor eigenen Wünschen und Bedürfnissen haben. Wer sich schwer tut mit Anweisungen, wer ungerne Verantwortung übernimmt, Kritik nicht vertragen kann, wird sich in der Rolle einer Reitbeteiligung unwohl fühlen. Vor allem dann, wenn man das eigene Wissen und Können höher einschätzt als das des Pferdebesitzers, fällt es schwer, sich dessen als Bevormundung verstandenen Vorgaben zu fügen. Man muss auch mit einer gewissen Unsicherheit leben können, da Vereinbarungen ebenso schnell aufgehoben wie getroffen werden können.

Bei Kälte und kurzen Tagen trotzdem auf der Weide, das geht vor allem bei berufstätigen Pferdebesitzern manchmal nur dank einer engagierten Reitbeteiligung.

Selbstverständlich profitiert auch das ***Pferd*** von der Fremdbespaßung. Die Befürchtung, ein zweiter Reiter würde das Pferd verunsichern oder gar verreiten, bewahrheitet sich meist nicht, sofern gewisse Grundkenntnisse bei der Reitbeteiligung vorliegen und sie bereit ist, dazuzulernen. Das Pferd hat nun zwei Partner, die für regelmäßige Bewegung sorgen, die es pflegen und umsorgen. Ein neuer zweibeiniger Freund bringt auch ein wenig frischen Wind mit, sorgt für mehr Abwechslung, bricht alte Routinen auf und legt neue Schwerpunkte.

Vertrag oder Vertrauen?

Das Verhältnis zwischen Besitzer und Reitbeteiligung sollte in einem schriftlichen Vertrag niedergelegt werden. Einen Reitbeteiligungsvertrag kann man kostenlos aus dem Internet herunterladen. Vertragspartner sind der Besitzer des Pferdes und die Reitbeteiligung oder, bei Minderjährigen, ein Erziehungsberechtigter. Vertraglich wird eingangs festgehalten, wer das betreffende Pferd wie häufig reiten darf und welche Gegenleistung dafür erbracht wird.

Die Bedingungen, unter denen die Reitbeteiligung das Pferd nutzen darf, werden im Weiteren detailliert ausgeführt. Hier ist Raum für individuelle Lösungen: Es kann darauf hingewiesen werden, dass stallinterne Regelungen (Stallruhe, Hallennutzungsplan) einzuhalten sind, der Reitbeteiligung können bestimmte Wochentage zur Nutzung vorbehalten werden, die regelmäßige Teilnahme am Reitunterricht kann zur Bedingung gemacht werden (Wie oft genau? Bei welchem Reitlehrer?) oder

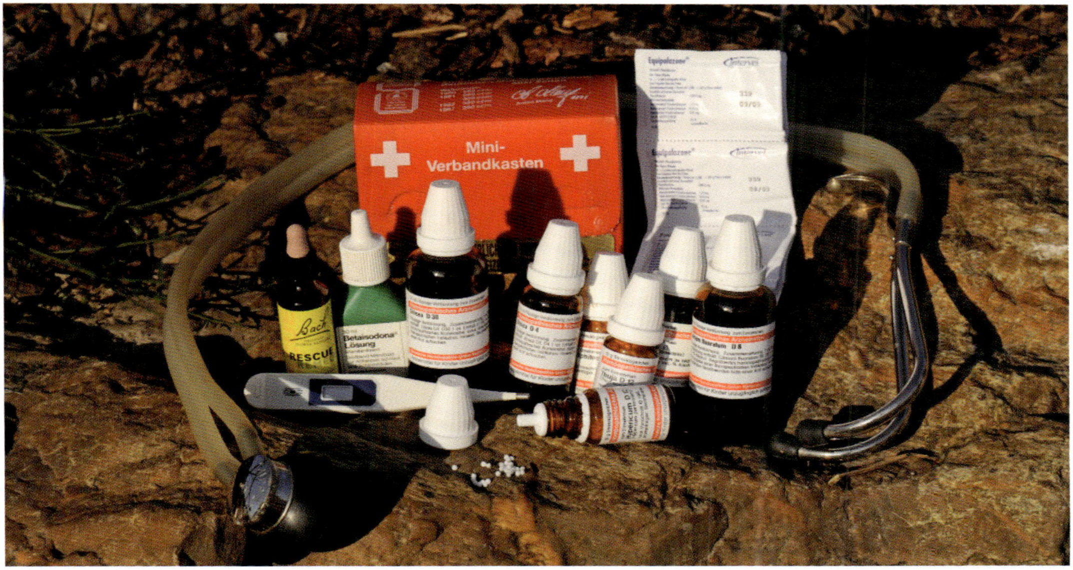

Wer wie oft was an Medikamenten wie verabreicht, wird immer schriftlich festgehalten.

besondere Eigenarten des Pferdes (Sattelzwang, gibt Hinterhufe nicht) können hier schriftlich fixiert werden. Auch »Unarten« sollten hier aufgeführt werden, damit man etwa im Falle eines Unfalls der Reitbeteiligung nachweisen kann, dass diese informiert war. Wird dem Zweit-Reiter ein Teil der Verantwortung etwa für ein krankes Pferd übertragen, sind die Details genau festzuhalten. Es gilt: Alles, was mündlich besprochen wird, sollte in irgendeiner Form auch schriftlich festgehalten werden, damit man sich im Streitfall darauf beziehen kann. Eine zumindest grobe Vorgabe von Trainingsinhalt (Springen nur im Rahmen der Springstunde, Geländeritte nur in Begleitung ...) und -dauer (nicht länger als eine Stunde ...) ist ebenfalls hilfreich.

Vorab wird auch abgesprochen, was beim zeitweisen Ausfall des Beteiligungspferdes geschehen soll: Ruht der Vertrag und damit die Gegenleistung des Mit-Reiters? Wird ein Ersatzpferd gestellt oder kann der Ausfall nachgeholt werden? Was geschieht, wenn sich die Bedingungen der Nutzung nachträglich ändern, wenn etwa das Pferd aufgrund einer Trächtigkeit oder einer Verletzung nur eingeschränkt geritten werden kann? Hier auf das Verständnis und die Pferdeliebe des anderen zu setzen, bringt die Partnerschaft in eine Schieflage. Einen Overkill an Vorgaben sollte man als Reitbeteiligung jedoch nicht hinnehmen, wenn man für jeden Atemzug die Genehmigung des Eigners braucht, ist die Beziehung von Anfang an zum Scheitern verurteilt. Gibt es Probleme, sollte miteinander und nicht übereinander darüber gesprochen werden. Minderjährige tun gut daran, bei Problemgesprächen ein Elternteil einzubeziehen. Beide

Pferdefreunde dürfen das Wohl des Pferdes nicht aus dem Auge verlieren und sollten selbiges auch einmal kulant zudrücken, wenn es nicht ganz glatt läuft.

Versicherung

Die Ausübung des Reitsports ist immer mit einem gewissen Risiko verbunden und die weitgehende Abdeckung, zumindest des finanziellen Anteils dieses Risikos, ist deshalb Pflicht. Der Mit-Reiter reitet auf eigene Gefahr, aber was dies konkret bedeutet, muss für beide Seiten unmissverständlich geklärt werden. Hier sollten beide Vertragspartner ihren eigenen Versicherungsschutz überprüfen und optimieren. Mehr dazu im letzten Kapitel.

Eine Einbeziehung der Reitbeteiligung in die Tierhalterhaftplicht des Pferdeeigners ist normalerweise problemlos möglich, allerdings ist die Versicherung darauf hinzuweisen; teilweise muss dies unter Angabe des Namens der Reitbeteiligung geschehen. Weiterhin ist zu klären, was im Falle eines Falles passiert, wenn

- das Pferd unter Aufsicht der Reitbeteiligung zu Schaden kommt,
- im Rahmen der Nutzung des Pferdes durch die Reitbeteiligung Schäden an Sachen oder an Dritten entstehen oder
- die Reitbeteiligung bei der Ausübung ihres Nutzungsrechtes verunfallt und sich verletzt.

4 Gutes Stück, leichte Gebrauchsspuren, günstig abzugeben

4. Gutes Stück, leichte Gebrauchsspuren, günstig abzugeben

Der Entschluss ist gefasst, das Geld liegt auf der Bank, der optimale Stall ist gefunden und nun kann es endlich losgehen! Auf der Suche nach dem Traumpferd stellt der potentielle Käufer bald entnervt fest: Pferde gibt es wie Sand am Meer, wie da das richtige finden? Vor allem das Internet mit seinen zahlreichen Möglichkeiten verleitet und verlockt so manchen unerfahrenen Pferdefreund und nicht nur dort staunt der Käufer über Schnäppchenangebote im Überfluss. Gleichzeitig meldet sich eine leise Stimme und warnt vor unüberlegten Schritten und vor Betrügern, die nichtsahnenden Pferdefreunden illegal erworbene Schlacht- und Gnadenbrotpferde unterjubeln wollen. Bei aller Vorfreude und Begeisterung ist eine gewisse Vorsicht und Umsicht geboten.

Wonach suchen Sie?

Legen Sie sich eine Tabelle an und tragen Sie folgende Punkte ein:
Rasse
Geschlecht
Alter
Ausbildungsstand
Interieur
Reitstil
Reitsportliche Disziplin
Sonderwunsch 1
Sonderwunsch 2

Steckbrief: Gesucht wird ...

Irgendwo findet sich mit Sicherheit das dem zukünftigen Besitzer bereits vom Schicksal zugedachte Traumpferd – aber wo steckt es? Man erleichtert sich die Suche, wenn man sich vorab ein paar Gedanken darüber macht, wonach man sucht. Wie lässt sich das Traumpferd beschreiben?

Nicht immer, aber doch recht häufig besteht eine enge Beziehung zwischen der gewünschten Rasse, dem bevorzugten Reitstil und der angestrebten reitsportlichen Disziplin. Hat der Käufer eine Vorstellung davon, welchem Reitstil er sich verschreiben will, schränkt das die Wahl der möglichen Pferderassen schon ein wenig ein und umgekehrt. Wer sich der konventionellen deutschen Reitweise (fälschlich meist als »Englischreiten« bezeichnet) verbunden fühlt und eine Karriere im Parcours anstrebt, wird sich keinen Isländer anschaffen wollen, wer sein Herz an die wunderschönen schweren Percheron verloren hat, wird nicht von Distanzritten träumen. Zu jeder Rasse gehört ein Rassestandard der festschreibt, wie innerhalb gewisser Grenzen die Eigenschaften der Vertreter dieser Rasse beschaffen sind. Dazu gehören etwa Größe, Kaliber, Gangwerk, Temperament, Charakter, aber auch Fellfarbe und Eignung. Ein Blick auf die Rassestandards kann dem zukünftigen Pferdebesitzer bei der Suche helfen, kann ihn bei der Auswahl des passenden Pferdes unterstützen. Trotz großer individueller Unterschiede in der Ausprägung einzelner Merkmale innerhalb einer Rasse kann man so zumindest eine

Im Rassestandard der Pfalz-Ardenner ist genau festgehalten, welche Eigenschaften Rassevertreter wie Mirco haben sollten.

gewisse Vorauswahl treffen oder ausschließen, was in Frage kommt.

Über das Geschlecht eines Pferdes hat ein schlauer Pferdekenner einmal gesagt: »Man befiehlt einem Wallach, bittet eine Stute und konsultiert einen Hengst.« Dies mag nicht immer zutreffen, aber es lassen sich durchaus geschlechtsspezifische Unterschiede bezüglich des Interieur ausmachen. Hengste bemühen sich oft besonders, ihrem Besitzer zu gefallen, aber auch nur, wenn man entsprechend mit ihnen umgeht – und ein Erst-Pferdebesitzer ist damit vermutlich überfordert. Hengste sind per se nicht aggressiv oder »schwierig«, sie werden es aber, wenn der Mensch falsch mit ihnen umgeht. Auch wenn Hengste uns durch ihr oft besonders präsentes, strahlendes Auftreten faszinieren, muss im Interesse der Pferde geraten werden: Hände weg vom Hengst! Stuten können mädchenhaft weich, aber auch ausgesprochen zickig sein. Man darf nicht vergessen, dass die Natur eine Leitstute als Anführer der Pferdeherde vorgesehen hat, nicht etwa einen Hengst – den so oft zitierten »Leithengst« gibt es nicht, in der Pferdegesellschaft haben die Frauen das Sagen. Da verwundert es nicht, wenn Stuten oft geneigt sind, ihre Führungsqualitäten auszuspielen und den Führungsanspruch des Menschen in Frage stellen. Untereinander sind Stuten oft ein wenig unduldsam und zeigen nicht die Form des freundlichen, kontaktfreudigen Sozialverhaltens, die uns bei Wallachen und Hengsten so besonders anspricht. Wallache fallen oft bis ins hohe Alter durch besondere Spielfreude auf. Sie agieren sich gerne untereinander in lebendigen, ritualisierten Kampf- und Laufspielen aus und knüpfen enge Freundschaften. Dem Menschen gegenüber sind sie meist kooperativ und aufgeschlossen.

Je erfahrener der Reiter, desto unerfahrener – und damit meist auch jünger – darf das Pferd sein. Das Alter des Pferdes spielt deshalb eine Rolle, weil es meist mit seinem Ausbildungsstand und oft auch

Gromit ist ein Traum von einem Hengst, gehört aber nicht in Anfängerhände.

seinem Interieur zusammenhängt. Gute Reiter dürfen sich ein Pferd zutrauen, das gerade die Grundausbildung hinter sich hat (die etwa drei Monate dauert) und noch ein wenig übermütig und impulsiv ist, wenig erfahrene brauchen einen Partner, der selbst sehr viel Wissen und Können mitbringt, besonders ängstliche Reiter sind ebenfalls mit einem souverän agierenden Kumpel am besten bedient, den nichts so schnell aus der Ruhe bringt. Im Alter liegen angerittene Pferde bei etwa drei (Warmblutrassen), vier (Kaltblutrassen) bis fünf (Ponys vom Typ Islandpferd) Jahren. Der unerfahrene Reiter freut sich eher über ein älteres und erfahrenes Pferd ab etwa sechs (Warmblüter) bis acht (Ponys) Jahren, das seine Jugendsünden hinter sich gelassen hat und seinem Beruf mit ausreichend Gehwillen, aber einer gewissen inneren Ruhe und erwachsenen Ernsthaftigkeit nachgeht.

Der Kauf eines jungen, rohen Pferdes mit der Absicht, dieses selbst einzureiten, ist nicht zu empfehlen. Reiten und Einreiten sind zwei Paar (Reit)-Stiefel, die im Reitunterricht oder mit einem Pflegepferd erworbenen Kenntnisse und Erfahrungen befähigen nicht dazu, ein ungerittenes Pferd fachgerecht in seinen Beruf einzuführen.

Was den Reitstil angeht, sollte man nicht mit dem neuen Pferd gleichzeitig auf eine andere Reitweise umsteigen, sondern das fortführen, was man bereits gelernt hat. Zieht es einen in Richtung reiterliches Neuland, steht vor der Suche nach dem passenden Pferd eine intensive, praktische Auseinandersetzung mit dem angestrebten Reitstil. Während man sich im standardisierten Turnierwesen auf eine Reitweise festlegen muss, ist man außerhalb von Ovalbahn, Dressurviereck und Springparcours relativ frei in seinen Entscheidungen und kann auch bezüglich der Ausstattung von Pferd und Reiter durchaus kombinieren, wie es am besten passt. Allerdings ist die Mehrzahl aller Trainer einem Reitstil verpflichtet und wird bei der Ausbildung von Pferd und Reiter konsequent dem von der jeweiligen Reitweise vorgegebenen Strukturen folgen, was wichtig und richtig ist. Ein beliebiger Mix ist deshalb

Ein älteres, erfahrenes Pony wie Pünktchen passt super zu einem Nachwuchsreiter wie Mera.

Eine genaue Vorstellung von der gemeinsamen Zukunft hilft, das richtige Pferd zu finden.

nicht empfehlenswert, sondern führt geradewegs ins Chaos, da insbesondere die daraus resultierende, widersprüchliche Hilfengebung auch das kooperativste und cleverste Pferd überfordert.

Je genauer die Vorstellung des zukünftigen Pferdebesitzers von der gemeinsamen Zukunft mit dem Pferd, desto enger die Auswahl. Je größer die Eignung eines Pferdes für eine gewählte reitsportliche Disziplin, desto höher sein Preis. Der eigene reiterliche Schwerpunkt kann sich im Laufe der Zeit ändern, trotzdem hilft es, das angestrebte Ziel so klar wie möglich zu definieren, nicht nur, weil man damit die Suche nach dem passenden Pferd eingrenzt sondern auch, um sich selbst deutlich vor Augen zu führen, was einem wichtig ist.

Ein bis zwei Sonderwünsche dürfen sein, wenn sie denn dem zukünftigen Pferdebesitzer wichtig erscheinen. Wer unbedingt den Nachkommen eines berühmten Hengstes, ein Pferd mit »Sonderlackierung« oder aus einem bestimmten Herkunftsland sein Eigen nennen möchte, bitteschön! Das kann die Suche allerdings erschweren und den Preis nach oben treiben. Und andere Konsequenzen haben: Das Pferd mit der besonderen Farbe neigt vielleicht zu Problemen mit dem Sehvermögen, bekommt schnell Sonnenbrand, kann lebensschwache Fohlen hervorbringen. Der berühmte Hengst hat möglicherweise nicht nur im Dressurviereck brilliert, sondern auch als Vererber weniger erwünschter Merkmale von sich reden gemacht. Und Importpferde haben vielleicht mehr Probleme mit dem hiesigen Klima als im Inland geborene. Also nicht blauäugig das wählen, was gerade »in« ist, sondern informierte Entscheidungen treffen – wie immer.

Pferdekauf ist auch Vertrauenssache

Es lässt sich nicht sagen, welche Anlaufstelle am ehesten Erfolg verspricht, wo sich die seriösen Verkäufer finden lassen und wo sich eher weniger zuverlässige Händler tummeln. Ein wichtiger Unterschied lässt sich aber aufzeigen: Gewerblichen Handel mit Pferden treibende Profis unterliegen bezüglich des Verkaufsrechts anderen Regelungen als private Verkäufer, dazu mehr im letzten Kapitel.
Weiterhin unterscheiden sich potentielle Verkäufer hinsichtlich der Fülle an Informationen über das in Frage kommende Pferd, die sie dem Käufer zugänglich machen können. Ging das Pferd bereits durch mehrere Hände, nur begleitet vom üblichen Papierkram, wird sich wenig über Aufzuchtbedingungen, Grundausbildung oder überstandene Krankheiten in Erfahrung bringen lassen. Anders beim Kauf von Privat, wenn das Traumpferd als Fohlen der eigenen Stute auf der heimatlichen Weide zur Welt kam, selbst aufgezogen und später ausgebildet worden ist und nie in fremde Hände kam. Auch Züchter, die ihren Nachwuchs selbst aufziehen und später anreiten, sind meist sprudelnder Informationsquell. Sie führen oft detailliert Aufzeichnungen über alle wichtigen Ereignisse und Schritte im Leben eines

»Sonderlackierungen« und andere Extras kosten auch extra.

Mit dem Trainer oder der Trainerin an der Seite lässt sich das eigene Traumpferd besser finden.

Pferdes, etwa ein Berittbuch. Sie wissen auch, wann das Pferd krank war, kennen Eltern und Geschwister. Eine gute erste Anlaufstelle sind Rassezuchtverbände und rassespezifische Interessengemeinschaften. Sie unterhalten meist eigene Internetseiten mit Informationen, Links zu Züchtern und Ausbildern oder gar einer eigenen Rubrik für Verkaufsanzeigen. Auch Anzeigen in regionalen und überregionalen Tageszeitungen sowie natürlich in Pferdefachmagazinen können zum Ziel führen. Hilfe und Unterstützung kann man auch durch den eigenen Trainer erfahren, der meist gute Kontakte unterhält.

Zu jedem Pferdekauf gehören ein Kaufvertrag, die Übergabe des Equidenpasses, eine tierärztliche Ankaufsuntersuchung sowie eine umfassende theoretische (Verkaufsgespräch) und praktische (ein oder mehrere Proberitte in Bahn und Gelände) Information des potentiellen Käufers.

In der Tabelle auf der nächsten Seite bekommen Sie einen Überblick über Anlaufstellen mit den wichtigsten Vor- und Nachteilen.

Buyer beware!

Käufer, sieh Dich vor – das gilt nicht nur im englischsprachigen Raum. Zum Pferdekauf gehört zwingend eine aktive Auseinandersetzung des Käufers mit seinem neuen vierbeinigen Partner. Nur wer zunächst den Verkäufer vernünftig und sachlich über eigene Wünsche, Vorstellungen und Bedürfnisse informiert und auch die finanzielle Seite nicht

	Mögliche Vorteile	Mögliche Nachteile
Privat/ persönlicher Kontakt	Oft sind gute Pferde günstig zu erwerben, da »Platz vor Preis« geht. Das Pferd ist dem Käufer evtl. schon bekannt.	Treten Probleme auf, können daran Freundschaften zerbrechen.
Privat/ Verkaufsanzeige	Guter Überblick über den Markt, viele Vergleichsmöglichkeiten, Angebote auch in räumlicher Nähe zu finden. Auch hier gilt oft »Platz vor Preis«.	Keine Auswahl mehrerer Pferde beim Anbieter und damit fehlende Vergleichsmöglichkeiten vor Ort. Verkaufsanzeigen sind oft unrealistisch positiv.
Kommerzieller Züchter	Große Auswahl; Eltern und Geschwister können begutachtet werden; Qualität der Aufzuchtsbedingungen ist erkennbar.	Nicht jeder Züchter bildet auch aus, deshalb sind häufig nur ungerittene Pferde im Angebot, deren zukünftige Eignung nur begrenzt beurteilt werden kann.
Kommerzieller Ausbilder	Wenn dieser auch Züchter des Pferdes ist, sehr empfehlenswerte Anlaufstelle; Ruf ist in der »Szene« gut zu überprüfen; große Auswahl; Qualität der Ausbildung kann vor Ort beurteilt werden; oft auch gute Anlaufstelle für die gemeinsame Zukunft mit dem Pferd.	Ausbildungen durch bekannte Trainer verlaufen oft einseitig in Richtung Turniereignung oder entsprechend der Lehren eines »Pferdegurus«. Große Namen sind kritisch zu hinterfragen, unbekannte Ausbilder nach Qualifikationen und/oder Referenzen zu fragen.
Reitbetrieb	Die Übernahme ehemaliger Schulpferde für Einsteiger ist oft die beste Lösung. Das Kennenlernen der Pferde erfolgt intensiv und zwanglos im Rahmen des Unterrichts. Altgediente Schulpferde sind im Umgang oft besonders problemlos und sehr dankbar, wenn sie endlich einen »eigenen Menschen« haben.	Gründliche tierärztliche Untersuchung inklusive Röntgenbildern ist Pflicht!
Pferdehändler	Große Auswahl ganz unterschiedlicher Pferde, oft sind auch niedrigpreisige Pferde guter Qualität zu haben.	Wenn man Pech hat und an ein schwarzes Schaf gerät, kann man richtig viel Lehrgeld bezahlen. Vorsicht bei Pferden mit Brand, aber ohne Papiere oder wenn »der Equidenpass ganz bestimmt in einer Woche nachgeschickt wird«!
Auktion	Die Pferde sind meist zuvor tierärztlich überprüft (inklusive Röntgenbilder).	Proberitt im Gelände eher nicht möglich, Angebot vor allem für Turnierreiter.
Pferdemarkt	Die Pferde sind oft sehr günstig zu haben.	Tierärztliche Untersuchung, Proberitt und intensives Verkaufsgespräch sind meist nicht möglich; Ansteckungsgefahr der Pferde untereinander!

Bemerkungen
Auch bei gutem Draht sollte nie auf Kaufvertrag, Untersuchung, Proberitt usw. verzichtet werden. Persönliche und geschäftliche Ebene der Beziehung sorgfältig trennen.
Achtung vor Betrügern, die als Privatverkäufer getarnt Gnadenbrotpferde verhökern!
Bei bekannten Zuchtstätten zahlt man den (Marken)Namen oft mit – was auch Vorteile hat, da diese Züchter einen Ruf zu verlieren haben.
Bekannte Namen machen ein gutes Pferd zu einem teuren. Achtung vor Hauruckausbildern! In großen Betrieben: Wer hat das Pferd tatsächlich ausgebildet? Der Chef selbst oder einer seiner möglicherweise wenig qualifizierten Helfer?
Schulpferde werden oft arrogant als Pferde zweiter Klasse angesehen – richtiger ist es, den Hut vor ihnen zu ziehen!
Pferdehändler sind oft besser als ihr Ruf.
Für Einsteiger eher ungeeignet.
Von Spontankäufen oder Mitleidskäufen wird abgeraten!

außer Acht lässt, kann erwarten, ein passendes Pferd angeboten zu bekommen. Ein pferdekundiger Helfer begleitet insbesondere wenig erfahrene Pferdefreunde. Wer mehrere Pferde ausprobieren will, bittet seinen Begleiter, als Gedächtnisstütze von jedem Pferd ein Foto anzufertigen oder jeden Ritt mit der Videokamera aufzunehmen – so ein Proberitt ist eine ungemein aufregende Sache und wer vermag sich nach Pferd Nummer 4 noch in allen Einzelheiten an Pferd Nummer 1 zu erinnern? Jedes Pferd wird am besten schon vor dem Proberitt beobachtet: Wie lässt es sich fangen und führen? Wie verhält es sich beim Putzen, beim Hufe auskratzen, bei Satteln und Aufzäumen, beim Aufsitzen und Nachgurten? Eine gewisse Ungeduld und ein wenig Ungestüm mag man bei einem jungen Pferd akzeptieren, Warnsignale aber sind u. a. die folgenden:

- Das Pferd lässt sich nur unwillig greifen oder muss gar von mehreren Personen gefangen werden,
- es stürmt beim Führen oder muss mühsam in Gang gebracht werden,
- es legt beim Putzen die Ohren an, weicht aus, hebt warnend das Hinterbein,
- es verhält sich widerwillig, wenn gesattelt und aufgetrenst wird, öffnet das Maul nicht, es bleibt beim Aufsitzen nicht stehen oder stürmt sofort los, legt beim Nachgurten die Ohren an.

Meist wird das Pferd in der Reitbahn zunächst vom zuständigen Bereiter vorgestellt, damit sich der Käufer ein Bild machen kann. Anschließend nimmt der Käufer selbst Platz im Sattel und reitet das Pferd Probe. Dabei muss genügend Zeit sein, um in aller Ruhe Kontakt mit dem Pferd aufzunehmen, um in der ungewohnten Situation richtig »im Sattel anzukommen«, um sich ein wenig einzufühlen und einiges auszuprobieren. Je nach Reitstil, Ausbildungsziel und angestrebtem Einsatzgebiet wird abgefragt, was das Pferd können sollte. Dabei ist zu beachten, dass insbesondere junge Pferde nicht allzu lange belastet werden dürfen und ihnen ein Proberitt durch mehrere Personen kaum zuzumuten ist. Wo immer möglich, geht es in Begleitung für eine Runde ins Gelände, insbesondere dann, wenn der »Arbeitsplatz« des Zukünftigen vorwiegend draußen liegen wird.

Ein Verkaufsgespräch nach oder vor dem Ritt liefert all die Informationen, die jetzt noch fehlen: Über Abstammung und Ausbildungsstand, überstandene Krankheiten, kleine Macken und besondere Talente. Eine sofortige Entscheidung für oder wider sollte nicht getroffen werden, insbesondere dann nicht, wenn mehrere Pferde ausprobiert wurden. Besser, man überschläft die Angelegenheit eine Nacht und bespricht sie mit einem oder einer Vertrauten. Oder schränkt die Auswahl ein und kommt ein zweites Mal, um zwei in die engere Wahl gekommene Aspiranten noch einmal genauer unter die Lupe zu nehmen. Und wenn es nicht gepasst hat, ist auch das o. k. und muss vom Verkäufer akzeptiert werden. Dann geht die Suche nach dem Traumpferd eben in die zweite Runde!

So manche große Liebe nahm im Reitunterricht ihren Anfang – Schulpferde sind oft die perfekten Erst-Pferde!

Unter dem Mikroskop

Hat man seinen Favoriten gefunden, wird nun der Tierarzt beauftragt, eine mehr oder weniger standardisierte Untersuchung des aktuellen Gesundheitszustandes, eine Ankaufsuntersuchung, durchzuführen, wobei die »große« Ankaufsuntersuchung die Anfertigung von Röntgenaufnahmen bestimmter Gelenke umfasst (um häufig vorkommenden Berufskrankheiten der Reitpferde wie Arthrosen auf die Spur zu kommen), auf die bei der »kleinen« verzichtet wird. Das Pferd wird intensiv begutachtet, abgehört und abgetastet, in der Bewegung überprüft und auf häufig vorkommende Lahmheiten hin abgecheckt. Auf Wunsch können weitere diagnostische Verfahren wie etwa eine Blutuntersuchung vorgenommen werden. Als Ergebnis seiner Untersuchung kann der Tierarzt eine Aussage über den aktuellen Gesundheitszustand eines Pferdes machen. Garantien gibt es aber nicht, eine Ankaufsuntersuchung ist immer eine Momentaufnahme! Allerdings können manche Befunde eine Aussage darüber erlauben, ob das Pferd für das ihm zugedachte Einsatzgebiet geeignet ist oder nicht – ein junges Pferd mit massiven arthrotischen Veränderungen an der Hufrolle hat vermutlich keine lange, steile Karriere im Parcours mehr vor sich ...

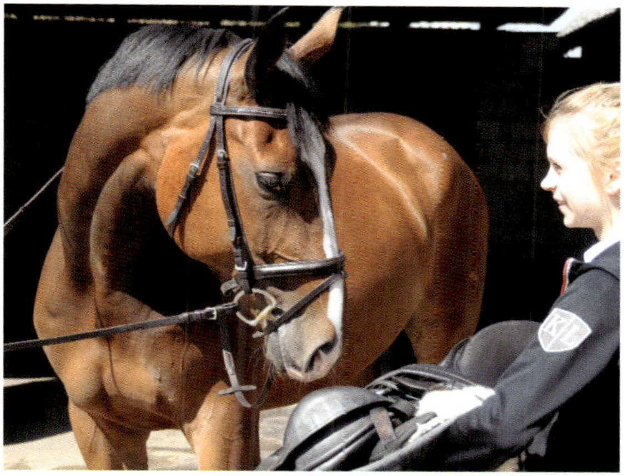

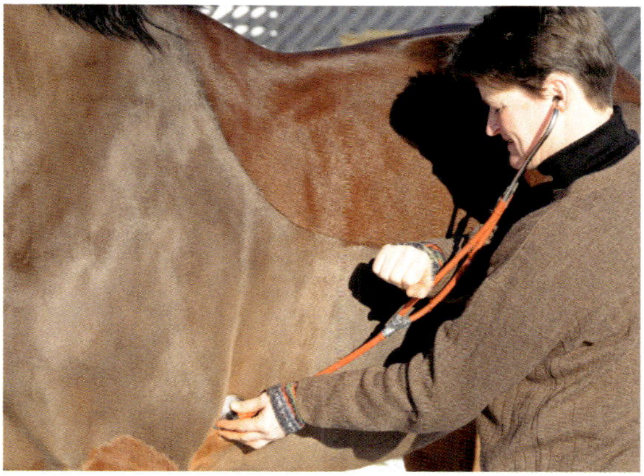

oben: Freundliches Interesse beim Anblick des Sattels – ein gutes Zeichen.

unten: Das zukünftige Traumpferd wird vom Tierarzt auf Herz und Nieren geprüft.

5 Einkaufsliste – was braucht mein Pferd, was brauche ich?

5. Einkaufsliste – was braucht mein Pferd, was brauche ich?

Erinnern Sie sich an Kapitel 2? Die lange Liste mit notwendigen Anschaffungen fürs Pferd? Es sollten zwei grundlegende Informationen hängen geblieben sein: 1.) Es wird teuer und 2.) Langfristig kommt es billiger, gleich auf gute Qualität zu achten und dafür ein wenig mehr Geld auf den Tisch zu legen. Häufig wird anfangs mehr Geld ausgegeben als nötig wäre: In der ersten Euphorie oder aus mangelnder Erfahrung landet so mancher überflüssige Kauf im Einkaufskorb. Die großen, hellen Einkaufszentren für den Reitsportbedarf, die vielen bunten Bilder auf den Webseiten der Ausstatter sind zu verführerisch! Also fragen wir nicht: Was würde meinem Pferd und mir noch gefallen? Sondern: Was brauchen wir? Und wo bekommen wir es her?

Reitsportausstatter

Große Reitsportausstatter warten mit einer riesigen Auswahl und Vielfalt an Größen und Farben auf und sind noch dazu im Preis oft unschlagbar. Hier kaufen wir die Alltagsgegenstände für unser Pferd und uns günstig ein. Wo Leder verarbeitet wurde, sehen wir allerdings genauer hin, denn hier wirkt sich der günstige Preis häufig negativ auf die Qualität aus. Gegenstände aus Leder – Sattel, Zaumzeug, Kappzaum, Reithosen mit Lederbesatz – kaufen wir deshalb meist besser beim Spezialisten und nie aus dem Internet, weil wir die Güte des Leders nur vor Ort beurteilen können. Für Ausrüstungsgegenstände für besondere Einsatzgebiete wenden wir uns an darauf spezialisierte Ausstatter, da die großen Firmen diese oft gar nicht oder nur in kleinerer Auswahl vorhalten.

Grundausstattung

Ganz oben auf unserer Einkaufsliste stehen Halfter, Führstrick, Transportgamaschen und Schweifschoner, also alles, was schon für den Transport des Pferdes in den neuen Stall benötigt wird. Zu Hause steht bereits ein gut gefüllter Putzkoffer für intensive Pflegeaktionen bereit. Empfehlenswert sind die stabilen Modelle, auf die man sich zur Not auch stellen kann – etwa beim Einflechten – und die bei Minustemperaturen nicht so leicht brechen. In den Koffer gehören eine weiche und eine härtere Bürste (auch Kardätsche genannt), ein Noppenstriegel zum Lösen harter Schlammkrusten ein Metallstriegel zum Ausstreichen der Bürsten, eine Mähnenbürste, ein Hufkratzer, ein Schwamm, ein Schweißmesser sowie ein Fellkratzer für den Fellwechsel.

Möglichst bald sollte ein Grundstock an Verbandsmaterial und Medikamenten zur Wundversorgung und Ersten Hilfe angeschafft werden. Hilfestellung gibt am besten der Tierarzt, komplette Erste-Hilfe-Koffer fürs Pferd werden von verschiedenen Reitsportausrüstern angeboten.

Der Sattel – von der Stange oder vom Sattler?

Pferderücken sind nicht DIN-genormt. Wenn es einen Ausrüstungsgegenstand gibt, der sich absolut nicht für Kompromisslösungen eignet, ist es der Sattel. Sättel für den kleinen Geldbeutel gibt es zuhauf, doch sind sie meist nicht einmal ihren geringen Preis wert. Es sind das Leder minderer Qualität und die schlechte Verarbeitung, die gegen einen

Auch dieser schiefe Sattel hat einmal viel Geld gekostet, passte aber aufgrund fehlender Beratung weder Pferd noch Reiter.

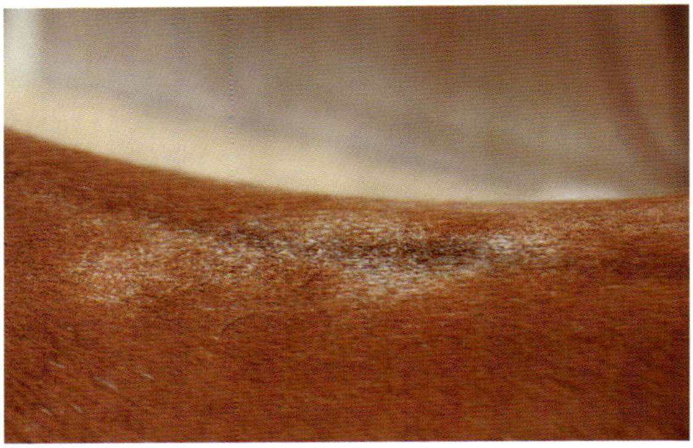

Dieser massive Satteldruck entstand als Folge der Kombination »billiger baumloser Sattel« und »stark übergewichtiger Reiter«.

Billigsattel sprechen, aber auch die schlechte Passform. Selbst hochwertige und entsprechend teure Sättel können sich als falsche Wahl erweisen, wenn sie auf gut Glück aus dem Internet bestellt oder beim Reitsporthändler in den Einkaufskorb gelegt wurden. Die Form des Pferderückens ist so individuell wie ein Fingerabdruck, da kann ein beliebiger Sattel von der Stange nur im Ausnahmefall wirklich hundertprozentig passen. Die weiche Polsterung an der Sattelunterseite darf nicht darüber hinwegtäuschen, dass dem Sattel ein Sattelbaum aus Holz, Kunststoff oder Metall seine eigentliche Form verleiht. Dieser »harte Kern« muss unbedingt der individuellen anatomischen Ausformung des Pferderückens entsprechen. Tut er dies nicht, wird das Reitergewicht ungleichmäßig auf die Sattellage verteilt und es kommt zu Druckspitzen, die wiederum zu Schmerzen und Verspannungen führen. Es ist nicht möglich, die mangelnde Passform eines Sattels mittels einer Sattelunterlage auszugleichen, auch wenn dies oft von entsprechenden Produktbeschreibungen suggeriert wird. Daraus folgt: Sättel müssen immer angepasst werden!

Baumlose oder flexible Sättel werden oft mit dem Argument beworben, sich dem Pferderücken besonders flexibel anzupassen. Lediglich die hochwertigen und damit hochpreisigen Modelle können in Erwägung gezogen werden, da bei ihnen ein durchdachter Aufbau und besondere Materialien für eine gute Druckverteilung sorgen. Für alle anderen gilt: Zum einen kommt es durch die Eigenbewegung des Sattels zu Reibungswärme und Scheuerstellen auf dem Rücken, zum anderen wird die Last des Reiters über die Steigbügelaufhängung punktuell auf den Pferderücken übertragen, was ganz sicher schmerzhaft und auf Dauer schädlich ist.

Der Sattel muss also passen, genauer, dem Pferd angepasst werden, aber wie? Da tun sich verschiedene Möglichkeiten auf. Mobile Sattelverkäufer kommen mit einem LKW voller Sättel auf den Hof und legen vor Ort alle in Frage kommenden Modelle auf. Manche vertreten nur eine Marke, andere haben Sättel verschiedener Hersteller im Programm. Meist werden auch gebrauchte Sättel angeboten. Sattler sind Fachleute mit einer fundier-

Aua! Der Sattler wird hier zu einem neuen Sattel raten müssen.

ten Ausbildung, während Sattelverkäufer oft nur eine Produktschulung erhalten. Natürlich sind auch unter ihnen viele engagierte und fachkundige Pferdefreunde, ein verlässlicher Qualifikationsnachweis, der dem Käufer Sicherheit vermittelt, fehlt allerdings. Wer eine reiche Auswahl an Sätteln verschiedener Preisklassen und einen guten Ruf vorweisen kann, wird mit großer Wahrscheinlichkeit sorgfältig und fachgerecht beraten. Allerdings lässt sich die Passform eines Sattels mit dem Auge nicht abschließend beurteilen. Wichtig ist deshalb intensives Probereiten mit jedem infrage kommenden Sattel, um bewerten zu können, wie man sich im Sattel fühlt – der Sattel muss auch dem Reiter passen – und wie sich das Pferd damit bewegt.

Alternativ fährt der Pferdefreund samt Vierbeiner und einem sachkundigen Berater zu einem großen Reitsportausstatter und probiert dort alle möglichen Sättel aus. Nicht immer kann man eine fachkundige Beratung erwarten und mit dem Proberitt sieht es mitten im Gewerbegebiet auch eher schlecht aus, aber besser als die Bestellung auf gut Glück!

Warum dann nicht gleich zum Fachmann? Sattler haben das Know-How, um auch Pferden mit schwierigen Sattellagen zu einem optimal passenden Sattel zu verhelfen und zudem alle möglichen – und einige unmögliche – Kundenwünsche zu berücksichtigen. Sie haben auch die technischen Möglichkeiten, die Passform eines Sattels zu überprüfen oder einen neuen Sattel passgenau anzufertigen. Messsysteme für den Pferderücken vermitteln ein getreues, dreidimensionales Abbild der Sattellage und damit eine weitaus bessere Grundlage für die Auswahl eines passenden Sattels. Die Systeme reichen von einfachen Messgittern bis zu computergestützten Messsystemen, die auch eine Beurteilung in der Bewegung, mit aufgelegtem Sattel erlauben. Sie werden überwiegend von Sattlern eingesetzt, um auf der Grundlage der Messung einen optimal angepassten Sattelbaum fertigen zu können, quasi das Gerüst, um das herum der Sattel gebaut wird. Manche Messsysteme werden vom Pferdebesitzer selbst aufgelegt, der Sattellage entsprechend geformt und dann zum Hersteller geschickt, für andere muss das Pferd zum Sattler oder der Sattler zum Pferd kommen.

Hochwertige Sättel haben auch einen hohen Wiederverkaufswert.

Der hohe Aufwand und entsprechend saftige Preis machen sich, über ein Pferdeleben lang gerechnet, sicher bezahlt. Qualitätsvolle Sättel dieser Art lassen sich problemlos nacharbeiten, aufpolstern und halten bei guter Pflege ewig. Nicht zuletzt haben sie einen höheren Wiederverkaufswert als ein Sattel von der Stange. Bei Pferden mit ungewöhnlicher Sattellage kommt man ohnehin nicht umhin, einen Maßsattel anfertigen zu lassen.

Falsch beratene, unkundige oder gleichgültige Pferdebesitzer machen oft eine wahre Odyssee durch, an deren Ende ein rückenkrankes Pferd und der Entschluss stehen, beim nächsten Mal alles richtig zu machen – nachdem immer wieder neue, preiswerte Sättel angeschafft wurden, die sich nach kurzer Zeit als untauglich erwiesen. Das kommt oft teurer als die einmalige Anschaffung eines hochpreisigen, aber auch hochwertigen und passenden Sattels, der aufgrund seiner Konstruktion und der langfristigen Betreuung durch einen Fachmann immer wieder den sich ändernden anatomischen Gegebenheiten angepasst werden kann.

Drum und Dran

Zum Sattel gehören zwei Sattelgurte (zum Wechseln und in unterschiedlicher Länge, da der sommerliche Weidebauch meist nach einem etwas großzügiger dimensionierten Modell verlangt), zwei Steigbügelriemen (Lederfarbe passend zum Sattel wählen), zwei Sicherheitsteigbügel sowie in Einzelfällen Schweifriemen (Ponys mit schlechter Sattellage), oder Vorderzeug (Springpferde, Westernpferde, Wanderreitpferde).

Unter den Sattel kommt, nachdem der neue Sattel etwa über sechs Wochen ohne Unterlage eingesessen wurde, eine Satteldecke. Sie ist so geschnitten, dass sie rundherum etwas unter dem Sattel hervorsieht. Einfache Modelle schützen den Sattel vor Schweiß und leiten die darunter entstehende Wärme ab, manche sind auch geeignet, den Druck besser zu verteilen sowie Reibungswärme zu vermindern, oft aber zuungunsten ihrer anderen Eigenschaften. So sind Gelkissen nicht in der Lage, Schweiß aufzunehmen und abzuleiten oder Hitze durchzulassen. Eine gute Sattelunterlage lässt sich problemlos faltenfrei unter den Sattel legen, gut auskammern, deckt die gesamte Unterseite des Sattels nahtlos ab, saugt Schweiß auf, lässt Wärme durch und wirkt stoßdämpfend. Vorsicht bei dicken Pads, die für Westernsättel vorgesehen sind. Sie werden gerne unter Englische Sportsättel (das sind alle »normalen« Satteltypen) gelegt in der irrigen Annahme, besonders weich und für das Pferd angenehm zu sein. Sie machen den Sattel allerdings enger und können so zu Satteldruck führen. Also immer den Typ Satteldecke benutzen, der für die jeweilige Sattelform vorgesehen ist!

Gebisse – reine Gefühlssache

Im Pferdemaul sieht es ebenso individuell aus wie auf dem Pferderücken. Die innere Ausformung des Mauls interessiert den Reiter aber erst seit kurzem näher. Seitdem gibt es Gebisse, die anatomisch korrekt geformt sind und angenehm im Maul liegen, statt zum Störfaktor zu werden.

Damit das Gebiss passt, muss es nicht nur anatomisch korrekt geformt sein, es muss auch in Länge und Dicke stimmig gewählt werden. Die passende Länge wird mit einer einfachen Messschiene ermittelt bzw. am Gebiss zwischen den Gebissringen gemessen. Zarte, feine Mäuler verlangen nach dünnen Gebissen, in geräumigen Maulhöhlen haben auch Gebisse mit größerem Durchmesser Platz. Allerdings ist die optimale Dicke auch vom Ausbildungsstand, der individuellen Sensibilität der Pferde sowie vom Können des Reiters abhängig. Allgemein gelten dickere Gebisse als angemessen für weniger weit ausgebildete Pferde oder Reiter und für empfindliche Mäuler.

Gebisse wirken nicht nur im Pferdemaul, sondern je nach Konstruktion auch am Pferdekopf, insbesondere im Genick und in der Kinngrube. Modelle ohne Anzüge sind für fast alle Bereiche des Reitsports empfehlenswert, ihre Wirkung ist gut einzuschätzen und ihre Handhabung nicht unnötig kompliziert. Gebisse mit Anzügen – Kandaren – tauchen in unterschiedlichen Bereichen des Pferdesports in ganz verschiedenem Gewand auf: So ist die Dressurkandare selbstverständlich eine Kandare. Aber auch die Snaffle with Shanks aus dem Westernsport, Kimblewick und Pelham, unterschiedliche Modelle für Gangpferde oder das Linda-Tellington-Jones-Gebiss sind Kandaren und werden völlig zu Unrecht als passend für den Freizeitreiter und sein Pferd empfohlen. Kandarengebisse verlangen immer ein auf Wassertrense perfekt ausgebildetes Pferd sowie einen feinfühligen, zügelunabhängig sitzenden Reiter. Beide, Pferd und Reiter, müssen die sogenannte »Kandarenreife« besitzen. Zudem sind Kandaren in der Handhabung komplex, einfach ist

Gebisse müssen anatomisch zum Pferdemaul und in ihrer Wirkungsweise zum Ausbildungsstand von Reiter und Pferd passen.

deshalb besser und eine Kandare ist nicht geeignet, Ausbildungsdefizite wettzumachen ...
Heute bevorzugt man anatomisch geformte, doppelt gebrochene Wassertrensen, oft aus Speziallegierungen für die meisten reitsportlichen Disziplinen und Ausbildungsstufen. Im Westernbereich nutzt man statt der glänzenden Legierungen gerne »sweet iron«, ein rostendes Eisenmaterial, das die Pferde zu vermehrtem Einspeicheln anregen soll. Diese einfachen Gebisse eignen sich für Pferde aller Rassen und Klassen mit Ausnahme einzelner Individuen, bei denen besondere Probleme (z. B. Zungenstrecker) den vorübergehenden Einsatz eines Spezialgebisses verlangen. Es gibt sie in allen Größen und verschiedenen Stärken. Sie lassen sich mit herkömmlichen Zaumzeugen gut kombinieren. Für die Bodenarbeit eignen sich andere Gebisse oft mehr, so ist etwa eine weiche Stange aus Nathe für die meisten Zwecke besonders zu empfehlen.

Gebisslose Zäumungen sind nicht per se sanfter oder pferdefreundlicher, es kommt hier sowohl auf das Modell als auch auf den Ausbildungsstand von Pferd und Reiter an. Geeignete Versionen sind vor allem das Side-Pull und diverse Weiterentwicklungen. Bei entsprechender Ausbildung kommen

Man muss schon genauer hinsehen, um dieses Gebiss als Kandare zu erkennen – der Stress des Pferdes aber ist auf den ersten Blick sichtbar.

Moderne Zaumzeuge wie der ST-Zaum bemühen sich um eine bessere Druckverteilung am Kopf.

die Partner auf beiden Seiten des Sattels damit gut klar, es sei denn, das individuelle Ausbildungsziel oder der Einsatz im Turniersport – hier legen die jeweiligen Prüfungsordnungen fest, was erlaubt ist und was nicht – schließt die Verwendung einer gebisslosen Zäumung aus.

Zaumzeuge

Das lederne Kopfstück samt Zügeln, fälschlich auch als »Trense« bezeichnet (Trense ist ein Gebiss), fixiert das Gebiss und ermöglicht die Einwirkung des Reiters über seine Zügelhilfen. Traditionell sind Zaumzeuge aus Leder gefertigt, heute kommen auch vermehrt Materialien wie etwa Biothane zum Einsatz. Beim Leder ist auf eine gute Qualität zu achten: Hochwertiges Leder fühlt sich weich und sanft, fast fettig an, reißt und knickt beim Biegen nicht. Für Pferde sind breit gehaltene Zaumzeuge angenehmer als schmale, geflochtene oder rund genähte. Ein Reithalfter dient dazu, das Gebiss ruhig im Maul zu fixieren und zu verhindern, dass das Pferd sperrt und sich damit der Einwirkung des Reiters entzieht. Bei den meisten Pferden sollte ein Reithalfter eingesetzt werden, wobei eine einfach gehaltene Version (Hannoversches oder Englisches Reithalfter) ausrei-

Regendecke, Abschwitzdecke und Fliegendecke (von links) gehören zur Grundausstattung.

Fertig fürs Longieren: mit einer Nathestange, Laufferzügeln, Longiergurt und Longe.

chend ist und doppelte Verschnallungen (Englisches Reithalfter mit Pullerriemen, mexikanisches Kreuzhalfter) überflüssig bis unangenehm sind.
Zügel müssen gut in der Hand liegen, weich und bei jedem Wetter, bei jeder Temperatur griffig sein. Stege oder Überzüge aus farbigem Gummi machen sie nicht nur griffiger, sondern erleichtern dem Reiter auch die Orientierung, wenn es um die richtige Zügellänge geht.

Komm unter meine Decke

Ohne eine gute Abschwitzdecke kommt kein Pferd aus. Sie hält das Pferd nach dem Training oder im Krankheitsfall warm. Gute Abschwitzdecken sind heute meist aus Fleece gefertigt und für wenig Geld zu haben – deshalb werden gleich zwei Stück gekauft, damit man immer eine trockene, saubere im Spind bereit hat, wenn die andere gewaschen werden muss. Abhängig vom Alter, etwaigen Krankheiten, vom Einsatzgebiet und der Haltungsform kommen weitere Decken hinzu.
Ekzemdecken sehen etwas grotesk aus, schützen aber an Sommerekzem – eine Allergie auf den Stich bestimmter Insekten – erkrankte Pferde zuverlässig. Sie werden nur während der warmen Jahreszeit getragen. Alte, kranke oder besonders empfindliche Pferde brauchen eine Thermodecke, die sie bei besonders ungünstiger Witterung wärmt. Sie sollte möglichst regendicht sein. Eine Nierendecke schützt die Lende und Kruppe während des Ausritts, wird allerdings nur bei geschorenen oder besonders anfälligen Pferden (Kreuzverschlag!) gebraucht. Fliegendecken gibt es zweierlei: Für die Weide und für den Ausritt. Sie halten nicht nur die lästigen, aber eher harmlosen Fliegen ab, sondern auch bösartige Brummer wie Bremsen. Regendecken halten Pferde trocken und warm, wenn die unangenehme Mischung von Kälte, Dauerregen und Wind selbst das beste Thermoregulationssystem überfordert.

Am Boden bleiben

Für die Bodenarbeit mit dem Pferd wird eine eigene Ausrüstung benötigt. Longe, Longierpeitsche sowie ein Longiergurt samt Hilfszügel (Laufferzügel) gehören deswegen zur Ausrüstung mindestens

Spezielle Ausrüstungsgegenstände werden oft nur in geringen Stückzahlen hergestellt oder müssen importiert werden, das hat seinen Preis.

Notwendige Ausrüstung	Kosten	Bitte beachten
Sattel samt Zubehör	500 €	gebraucht
	1.500–2.500 €	Gute Qualität von der Stange inklusive Anpassen durch Fachmann.
	ab 2.500 €	Maßsattel
Zaumzeug	50–100 €	Auf gute Qualität achten: Weiches, aber nicht zu dünnes Leder, das sich angenehm anfühlt.
Gebiss	100 €	Markengebiss wählen, Vorsicht bei vermeintlich rassetypischen Modellen, die oft für den Hausgebrauch zu scharf und nicht einfach zu handhaben sind!
Longe	10–30 €	Nicht zu schwer, pflegeleicht, griffig und am Ende mit einem Wirbelhaken versehen.
Longiergurt	30–100 €	Im Rückenbereich gut gepolstert, mit möglichst vielen Ringen seitlich und einem mittig unten liegenden Ring ausgestattet.
Hilfszügel zum Longieren	15–30 €	Besonders empfehlenswert sind mehrfach verstellbare Laufferzügel.
Arbeitszaum oder Kappzaum zum Longieren	50–100 €	Beim Training an der Longe empfiehlt sich der Einsatz eines Arbeitszaums ohne Zügel und evtl. mit einer Nathestange oder eines Kappzaums anstatt des üblichen Gebisses und Zaumzeugs. Für eine Nathestange müssen noch einmal 25 bis 30 € veranschlagt werden
Putzzeug und Putzkoffer	20–40 €	Lieber eine große, ausreichend hohe Putzbox wählen, in der auch Platz ist für Fliegenspray und Huffett.
Halfter und Führstrick	10–30 €	Oft zusammen farblich abgestimmt günstig zu bekommen. Nur Anbindestricke mit Panikhaken kaufen und keinesfalls ein Knotenhalfter zum Anbinden nutzen!
Abschwitzdecke	ab 15 €	Lieber zwei günstige als eine teure kaufen – bei einem stark schwitzenden Pferd muss die Decke evtl. gewechselt werden.
Transportgamaschen	30–70 €	Kein Pferd ohne Beinschutz verladen!

Zusatzausrüstung	Kosten	Bitte beachten
Fliegendecke	ab 15 €	mit Bauchlatz
Fliegenmaske	ab 10 €	Teure Modelle haben insbesondere bei Wallachen (spielen viel miteinander) auch keine längere Halbwertzeit als günstige. Bei empfindlichen Pferden evtl. ein weiches Stretchmodell für den Ausritt zusätzlich besorgen.
Ausreit-Fliegendecke	ab 35 €	mit Halsteil
Doppellonge mit Umlenkern	zusammen ab 35 €	Leichte Doppellongen mit rund gedrehten Endstücken wählen, in die Umlenker eingeschnallt werden können.
Gamaschen, Springglocken, Ballenboots und Co.		Spezialausrüstung für besondere Einsatzgebiete. Hier ist gute Qualität besonders wichtig und die hat ihren Preis.
Gebisslose Zäumung	ab 50 €	Zum Wechseln in jedem Fall empfehlenswert, auch für alle Pferde und Reiter, die sonst mit Gebiss arbeiten.

dazu. Die Longe soll griffig, mit einem Wirbel am Ende ausgestattet, darf nicht zu schwer sein und sollte kein Wasser aufnehmen. Ein guter Longiergurt ist rechts und links des Widerristes gepolstert und verfügt über viele Ringe seitlich und einen Ring mittig unten. Die Longierpeitsche liegt gut in der Hand, ist nicht zu schwer und samt Schlag lang genug, um das auf dem Zirkel gehende Pferd zu erreichen. Der Hilfszügel ersetzt teilweise die Zügeleinwirkung des Reiters und gibt dem Pferd eine stabile Anlehnung. Hier ist der Laufferzügel mehr zu empfehlen als der häufig zu sehende Ausbinder oder der Dreieckszügel. Ein Arbeitszaum samt weichem Gebiss – Nathestangen werden gerne genommen – oder ein guter, stabiler Kappzaum ergänzt die Ausrüstung.

Für weitere Formen der Bodenarbeit werden oft sehr spezielle und manchmal auch teure Ausrüstungsgegenstände benötigt, auf die am Anfang verzichtet werden kann.

6 Schöner wohnen auf Pferdisch

6. Schöner wohnen auf Pferdisch

Wir lernen schon beim Basispass Pferdekunde: Pferde sind Herden-, Lauf- und Fluchttiere. Es sind Lebewesen, bei denen das Bedürfnis nach Sozialpartnern (anderen Pferden), freier Bewegung und Sicherheit (Schutz durch die Herde und Fluchtmöglichkeiten) angeboren ist. Diese Bedürfnisse gilt es, im Rahmen der Möglichkeiten in allen Bereichen des Pferdesports zu berücksichtigen.
Heute hat man erkannt, dass die Aufstallung in Innenboxen den Anforderungen an eine pferdegerechte Haltung nicht entspricht und geht in vielen Bereichen neue Wege. Selbst Leistungssportler kommen inzwischen oft in den Genuss einer Haltung, die ihre pferdetypischen Bedürfnisse berücksichtigt. Wo dies nicht geschieht, wird gegen das Tierschutzgesetz verstoßen, das uns Menschen verbietet, Tieren vermeidbare Schmerzen oder Leiden zuzufügen (als unvermeidlich gelten beispielsweise Schmerzen und Leiden infolge einer notwendigen Operation). Können Pferde nicht so leben, dass ihre arttypischen Bedürfnisse weitestgehend erfüllt werden, fügt ihnen dies Schmerzen und Leiden im Sinne des Gesetzes zu. Darüber hinaus kommt es infolge eines »Triebstau« genannten Phänomens zu Verhaltensauffälligkeiten, die auch dem Reiter das Leben schwer machen und natürlich zu verschiedenen, gravierenden Gesundheitsproblemen, die seinen Geldbeutel leeren. Es liegt also auch im ureigenen Interesse des Pferdefreundes, seinem Pferd ein artgerechtes Leben zu ermöglichen.

Was braucht mein Pferd?

Um sich wohl und sicher zu fühlen und ihre angeborenen Verhaltensweisen ausleben zu können, brauchen Pferde artgleiche Sozialpartner. Im Idealfall ist das Pferd in einer stabilen Herde mit gleichgeschlechtigen – das entspricht den Verhältnissen in der Natur am meisten – Freunden untergebracht. Nicht ganz so optimal, aber besser als Einzelhaft sind Zweierbeziehungen. Lässt sich eine Einzelhaltung nicht vermeiden – etwa bei manchen Hengsten oder in Ausbildungsbetrieben, wo Pferde nur kurzfristig untergebracht sind – so müssen alle Pferde zumindest miteinander über die Abtrennungen hinweg direkten Kontakt aufnehmen, einander sehen und hören können. Heute nicht mehr toleriert werden sollten Aufstallungen, bei denen das Pferd isoliert wird und nur durch Gitterstäbe hindurch minimal Kontakt mit Artgenossen halten kann.
Pferde haben ein großes Bewegungsbedürfnis, da sie früher als Steppentiere auf der Suche nach Futter und Wasser lange Wege – durchschnittlich etwa 16 km täglich – zurücklegen mussten und der Drang nach vielen Stunden freier Bewegung ihnen heute noch zu eigen ist. Die Arbeit mit dem Reiter kann dieses Bewegungsbedürfnis nur teilweise befriedigen. Zu einer artgerechten Aufstallung gehört deshalb auch die Möglichkeit, sich viele Stunden täglich – am besten dauerhaft – frei zu bewegen. Neben ausreichend Platz ist dazu die Anwesenheit von Sozialpartnern notwendig, da sich aus der sozialen Interaktion zahlreiche Bewegungsanreize ergeben.

Wo wir Menschen uns in unserer »Wohnung« genannten Höhle sicher und gut aufgehoben fühlen und bei Gefahr dazu neigen, uns zurückzuziehen, hat das Pferd völlig andere, entgegengesetzte Angewohnheiten. Es will seine Umgebung überschauen können, will bei Gefahren aus der Entfernung sichern und notfalls fliehen können – es ist

Nicht nur genügend Platz, sondern auch Sozialpartner sorgen für genügend Bewegung, wie diese beiden befreundeten Hengste zeigen.

ein Fluchttier. Die Aufstallung in der Box setzt es deshalb doppelt unter Stress, da es seine Umwelt nicht im Auge behalten und nicht fliehen kann, wenn es sich erschreckt. Offene Stallanlagen dagegen bieten unseren Pferden eine Sicherheit vermittelnde Rundumsicht und die Möglichkeit, sich über kurze Fluchtdistanzen abzureagieren, sollten sie einmal erschrecken.

Pferde sind keine verhätschelten Schoßtiere, sie brauchen Witterungsreize, um gesund zu bleiben. Frische Luft hält ihre Atemwege fit, natürliches Sonnenlicht stärkt ihre Knochen und kurbelt ihre hormonelle Steuerung an, Wind und Wetter fordern ihr leistungsfähiges Thermoregulationssystem. Nur in Ausnahmefällen, etwa bei extremen Witterungsbedingungen oder bei kranken, schwachen Pferden ist der Stall tatsächlich die gesündere Lösung.

Ein Pferd ist *kein* Pferd

Mit Vergleichen zwischen Pferden und Menschen sollte man sehr vorsichtig sein, in einem wichtigen Punkt aber stimmen wir mit unseren großen Freunden überein: Wir brauchen Sozialpartner in unserem Leben. Die leider immer noch weithin praktizierte Innenboxenhaltung unserer Pferde entspricht dem Gefängnisaufenthalt eines Menschen, eines Schwerverbrechers, der sein ganzes Leben hinter Gittern verbringt und nur für eine Stunde Freigang täglich seine Zelle verlassen darf. Für diese Haltungsform werden immer wieder fadenscheinige Begründungen vorgebracht, die jedoch nicht darüber hinwegtäuschen dürfen, dass sie im Grunde gegen das Tierschutzgesetz verstößt. Würde man die Pferde fragen, wären sowieso klar, wie sie sich entscheiden würden – keines würde diese Haltung wählen!

Allerdings ist eine Haltung auch nur dann pferdegerecht, wenn sie gut gemanagt wird. Ein ganz entscheidender Punkt ist die Zusammenstellung der Gruppen. Die Mitglieder einer Herde sollten untereinander verträglich sein und vergleichbare Bedürfnisse haben. So sind Probleme vorprogrammiert, wenn man etwa junge, bewegungsfreudige, robuste und leichtfuttrige Pferde mit alten, schon etwas klapprigen und schwerfuttrigen Senioren zusammen aufstallt.

Darüber hinaus sollte sich die Zusammenstellung der Gruppen an der Natur und damit am arttypischen Verhaltensinventar der Pferde orientieren. In freier Wildbahn ist der Kern der Herde ein Familienclan, angeführt von der ältesten Stute und bestehend aus ihren älteren weiblichen Nachkommen sowie den diesjährigen Fohlen. Ältere Hengstfohlen werden vertrieben, die männlichen Nachkommen verschiedener Jahrgänge finden sich zu Junggesellenherden zusammen. Begleitet werden die Familienclans von einem Haremshengst, der für Nachwuchs sorgt und die Gruppen zusammenhält, angeführt wird die Herde von einer Leitstute. »Natürlich« im weitesten Sinne des Wortes sind also vor allem gleichgeschlechtige Gruppen. Werden bei der Gruppen-Auslaufhaltung die Pferde schön nach Männlein und Weiblein getrennt, sind die Herden stabiler, ruhiger und die Pferde können ihr arttypisches Verhaltensinventar am besten ausleben.

So will mein Pferd leben

Bei der Wahl der richtigen Haltungsform ist ein korrektes Management Voraussetzung: Eine Aufstallung ist nur dann gut, wenn auch die Rahmenbedingungen stimmen, wenn also alle Pferde genügend Platz haben, untereinander verträglich sind, ausreichend gefüttert und gepflegt werden und in einem hygienisch einwandfreien Stall leben dürfen.

__Ein__ Pferd ist __kein__ Pferd – nur in Gesellschaft kann ein Pferd richtig Pferd sein.

Orientieren Sie sich bei der Zusammenstellung von Gruppen an Mutter Natur – sie hat das Zusammentreffen von Hengsten und Fohlen durchaus vorgesehen.

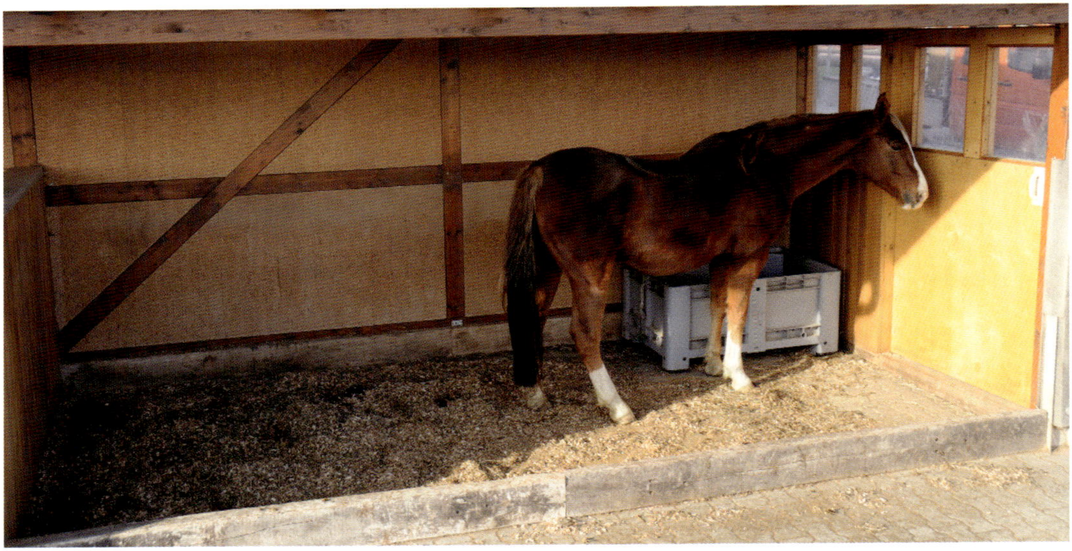

Auch die Einzel-Auslaufhaltung erlaubt dem Pferd, sich nach Belieben draußen aufzuhalten und am Leben teilzunehmen.

Nach heutigem Kenntnisstand ist die Aufstallung in einem Offenstall am besten geeignet, die Bedürfnisse des Pferdes mit den durchaus legitimen Wünschen des Menschen unter einen Hut zu bringen. Dabei lebt eine Gruppe von Pferden in einem teilweise überdachten und mindestens teilweise befestigten Areal und jedes Pferd kann selbständig wählen, ob es sich im geschützten, eingestreuten Stallbereich oder dem offenen Auslauf aufhalten will. Man spricht bei dieser Haltung auch von Gruppen-Auslaufhaltung. Besonders raffiniert sind Bewegungsställe, bei denen die so genannten Funktionsbereiche – also etwa der Teil des Stalles, wo gefressen wird oder der als Schlafplatz eingestreute Bereich – geschickt getrennt sind und die Pferde beim Wechsel von einem Areal zum anderen zu mehr Bewegung angeregt werden. Auch bei der Einzel-Auslaufhaltung handelt es sich im Prinzip um einen Offenstall, allerdings bewohnt hier jedes Pferd einen eigenen, getrennten Stall mit überdachtem und offenem Bereich.

Weniger gebräuchlich ist die Aufstallung im Laufstall, einem überdachten Stall ohne Außenbereich, in dem die Pferde gruppenweise gehalten werden. Ist dieser mit Öffnungen nach draußen versehen, durch die frische Luft eindringen kann und die den Pferden erlauben, an ihrer Umwelt teilzunehmen, ist dies eine akzeptable Alternative zum Offenstall.

Die früher übliche Ständerhaltung ist glücklicherweise verboten, die in manchen Betrieben immer noch praktizierte Innenboxenhaltung wird zunehmend kritisch gesehen und zumindest bei neu errichteten Ställen von einer pferdefreundlicheren Haltungsform abgelöst. Die kann beispielsweise so

Diese in Fensterboxen untergebrachten Sportpferde kommen zusätzlich täglich auf die Weide oder den Schlechtwetterauslauf.

aussehen, dass aus der Innenbox durch ein stets offenes Fenster eine Außenbox wird. Das Fenster erlaubt den Zutritt von Frischluft und gestattet dem Pferd, seinen Kopf hinaus zu strecken und am Leben draußen teilzuhaben. Auch die hohen Abtrennungen aus Gitterstäben zwischen den Boxen verschwinden allmählich und werden durch brusthohe, stabile Einfassungen ersetzt. Dabei müssen die Boxen groß genug sein, damit die Pferde einer Zankerei von links oder rechts ausweichen können. Wird statt des Fensters eine Tür in die Außenwand eingelassen und vor der Box ein kleiner Paddock angelegt, wertet dies die Haltung noch mehr auf. Eine solche Außenbox mit Kleinauslauf ist beispielsweise in Ausbildungsbetrieben, in denen Pferde nur über kurze Zeit untergebracht werden, eine hervorragende Lösung. Allerdings sind diese Haltungsformen nur dann eine positive Veränderung zur Innenboxenhaltung, wenn das Fenster in jeder Jahreszeit geöffnet und der Zutritt zum Paddock täglich gewährt wird.

Weideglück

Über die Sommermonate freuen sich ausnahmslos alle Pferde über Weidegang. Hier können sie wohl am »pferdischsten« leben, so, wie es ihren arttypischen Bedürfnissen am meisten entspricht. Sie nehmen ihr Futter im typischen Weideschritt auf, in einer Körperhaltung, die ihnen gut tut. Sie bewegen sich geruhsam voran, können sich aber auch in Lauf- und Raufspielen austoben.

Umwelt- und Witterungsreize gestalten ihr Leben interessant und härten sie ab. Eine sachgerechte Einzäunung, ausreichender Witterungsschutz für alle Pferde, ein wachsames Auge auf Giftpflanzen

Dürfen Pferde regelmäßig auf die Weide, sind sie auch im Gelände ruhiger und unerschrockener.

und eine zuverlässige Wasserversorgung stellen sicher, dass unsere Pferde ihren Weidegang ungestört genießen können. Wo immer möglich – und sei es stundenweise auf einer handtuchgroßen Weide – sollten wir allen Pferden dieses Glück gönnen.

Alle Pferde sind gleich

... aber manche sind ein bisschen gleicher. So scheint es zumindest, denn immer noch werden vor allem bei der Haltung Unterschiede zwischen verschiedenen Rassen, Einsatzgebieten oder Ausbildungsstufen herbeigeredet, die in Wahrheit nicht existieren. Die oft vorgebrachte Einteilung in Freizeitpferd und Sportpferd existiert lediglich in den (Beton-)Köpfen unbelehrbarer Menschen, artgerechte Haltungsformen sind für Pferde aller Rassen und Einsatzgebiete problemlos zu praktizieren. Zum einen haben auch im Sport gehende Pferde die allen Pferden eigenen, arttypischen Bedürfnisse an ihre Haltung, zum anderen ist längst erwiesen, dass sich der Einsatz im Leistungssport mit einer artgerechten Haltung im Offenstall vereinbaren lässt. Reitbetriebe mit hübschen Grünflächen und großzügigen Blumenrabatten, aber Pferden in Innenboxen meidet der Pferdefreund zugunsten weniger repräsentativ gestalteter, sich aber dafür mehr an den Bedürfnissen der Pferde orientierender Ställe. Er tut damit nicht nur seinem Pferd, sondern auch sich selbst einen Gefallen: Wer sein Pferd gut aufgehoben weiß, kann seinem Sport ohne schlechtes Gewissen nachgehen. Er spart jede Menge Geld für den Tierarzt, da keine haltungsbedingten Krankheiten auftreten. Er hat länger Freude an seinem Pferd, da es länger leben wird. Und er spart sich den Druck, täglich reiten zu müssen, dem er bei einer bewegungsarmen Aufstallung unterliegt. Nicht zuletzt leistet er einen Beitrag für das Wohlergehen aller Pferde, da er als »Verbraucher« den »Markt« beeinflusst: Wo Betriebe mit schlechten Haltungsbedingungen keine Einsteller mehr finden, müssen sie einfach umdenken. Wenn schon die Vernunft und Pferdeliebe nicht siegen, der Geldbeutel tut es bestimmt ...

7 Jeder Reiter ist ein Ausbilder

7. Jeder Reiter ist ein Ausbilder

Eine ungewohnte Rolle, vor allem dann, wenn man quasi gerade erst vom Schulpferd abgesessen ist und sich nun mit der Verantwortung für ein eigenes Pferd konfrontiert sieht. Nicht immer ist dem frischgebackenen Pferdebesitzer klar, dass er oder sie von nun an als Ausbilder seines Pferdes fungiert. Warum das Pferd noch ausbilden, wo man sich doch ganz bewusst für ein »fertiges« Pferd entschieden hat? Da steht es im Stall, mit einigen Jahren Berufserfahrung auf dem Buckel, mit erfolgreichen Starts bei TREC-Wettbewerben, Gelassenheitsprüfungen, in der A-Dressur oder im E-Springen, in Pleasure-Wettbewerben oder auf längeren Wanderritten.

Nicht erschrecken!

Schön, wenn das Traumpferd so eine stabile Basis hat, das macht dem neuen Besitzer seine Arbeit ein bisschen leichter. Ja, Arbeit, denn: Jeder Ritt, jede Trainingseinheit an der Longe, jeder Umgang mit dem Pferd ist Arbeit, ist ein Stück Ausbildung. Weder Reiter noch Pferd haben jemals ausgelernt, es kommt immer etwas Neues hinzu, es geht immer weiter. Beständig lernt unser Pferd, lernen auch wir dazu. »Lernen« ist nicht immer positiv, es kann auch ganz schnell in die falsche Richtung gehen. Deshalb ist es Aufgabe des stolzen Pferdebesitzers, die Ausbildung seines Pferdes bewusst zu gestalten, fortzuführen, in die richtigen Bahnen zu lenken und gegebenenfalls korrigierende Maßnahmen einzuleiten.

Nicht erschrecken, so schwer wird es nicht. Wer ein paar Jahre Reitunterricht genossen hat, zu lesen versteht und bereit ist, auch in Zukunft ein wenig Geld, Zeit und Mühe zu investieren, wird bald Spaß an der neuen, ungewohnten Rolle finden. Dabei hilft es, sich ein paar Prinzipien anzueignen und einige Grundregeln zu beachten.

Ohne Hilfe geht es nicht

Niemand kann sich das Reiten selbst beibringen. Diejenigen die glauben, sie hätten genau dies getan, sind meist die schlechtesten Reiter und eine Zumutung für jedes Pferd. Reiten sieht so einfach aus, wenn es in Vollendung vorgetragen wird, dieses anmutige, schöne Bild ist aber das Ergebnis jahrelanger, harter Arbeit. Arbeit an und mit dem Pferd, Arbeit an und mit sich selbst. Da ist es gut, wenn man einen sachkundigen Trainer an seiner Seite hat!

Reitlehrer gibt es in verschiedenen »Geschmacksrichtungen«. Die klassische Ausbildung zum Pferdewirt und Pferdewirtschaftsmeister ist heute noch ein etablierter Weg, eine entsprechende Qualifikation zu erwerben. Daneben haben die Amateurreitlehrerausbildungen zunehmend an Bedeutung gewonnen. Die Bezeichnung »Amateur« dient nur der Unterscheidung zum Berufsbild des gelernten Pferdewirts und Pferdewirtschaftsmeisters, sagt aber nichts über die Eignung und den Ausbildungsstand aus – Amateurreitlehrer sind oft erfolgreiche Profis. Verschiedene Trainerlaufbahnen mit unterschiedlichen Schwerpunkten und Qualifikationsstufen werden von Verbänden wie der FN, dem IPZV oder der EWU angeboten. Zudem gibt es Schulungen von Verbänden oder Trainern mit sehr speziellen Ausbildungsinhalten, die einzeln oder ergänzend durchlaufen werden können und natürlich auch einzelne Personen, die ganz ohne offizielles Qualitätssiegel Reitunterricht erteilen.

So etwas ist nicht erwünscht: Ein Reitlehrer hätte das Pelham erst richtig verschnallt und dem Reiter dann abgenommen, bis er und sein Pferd die Kandarenreife haben.

Wichtiger als jeder Trainerschein ist die persönliche Chemie: Findet der Unterricht in einem Klima aus Angst und Unsicherheit statt, wird der Reiter vom Reitlehrer beständig abgewertet, das Pferd mit rüden Methoden gestresst, ist erfolgreiches Lernen nicht möglich. Auch wichtig: Erreichbarkeit. Der nette, gut aussehende und hoch qualifizierte Super-Trainer am anderen Ende der Welt nützt Pferd und Reiter bei der Bewältigung alltäglicher Probleme herzlich wenig, der mobile Reitlehrer von nebenan aber gewährleistet Kontinuität und Nachhaltigkeit. Die reiterliche Fortbildung sollte Theorie und Praxis gleichermaßen berücksichtigen und eine regelmäßige Kontrolle und Rückmeldung durch den Reitlehrer der Wahl beinhalten. Regelmäßigkeit kann wöchentlicher Reitunterricht, aber auch die Teilnahme an Wochenendkursen oder über längere Zeiträume angelegten Fortbildungen bedeuten.

Dressur – ja bitte!

Unser wichtigstes Ziel als Pferdefreund muss es sein, unseren Pferden durch unsere reiterlichen Aktivitäten nicht zu schaden. Reiten ist eine ganz und gar unnatürliche Angelegenheit, denn nichts hat Mutter Natur dazu veranlasst, unsere Pferde anatomisch oder physiologisch auf den Einsatz als Reitpferd vorzubereiten. Ziel des Trainings ist es deshalb, dieses »Versäumnis« nachzuholen und das Pferd so zu schulen, dass es das Reitergewicht unbeschadet aufnehmen und sich darunter bewegen kann.

Dieser Effekt ist durch passive Gewöhnung nicht zu erreichen, ganz im Gegenteil. Wer im Bemühen, nur ja nichts falsch zu machen und sein Pferd möglichst unbeeinflusst »natürlich« zu reiten passiv auf dem Pferderücken sitzt und sich damit begnügt, Tempo und Richtung vorzugeben, hat bald ein bretthartes,

Nicht obwohl, sondern weil Gambara ein S-Springpferd ist, wird sie auch dressurmäßig geritten.

rückenkrankes »Steifftierchen« unter dem Sattel. Die Ausbildung des Pferdes zum Reitpferd kommt ohne gezielte Gymnastizierung und Kräftigung insbesondere der langen Rückenmuskulatur und der Bauchmuskulatur nicht aus, und dieses Training wird »Dressur« genannt. Jetzt nicht die Augen verdrehen, Dressur ist eine feine Sache und auch fürs Pferd spannend und angenehm, wenn es richtig gemacht wird. Die im Turniersport praktizierte Version ist nur eine Spielart, grundsätzlich gehört dressurmäßiges Reiten zu jedem Reitstil und jedem Einsatzgebiet dazu, sieht aber je nach Reitweise immer ein bisschen anders aus. Dressurmäßiges Reiten ist die Grundlage jeder Ausbildung und Bestandteil jeder Trainingseinheit.

Zusätzlich, nicht anstatt, kann das Pferd in Spezialdisziplinen geschult werden, die besonderes Augenmerk auf einzelne Aspekte der körperlichen Ertüchtigung legen: Bei Distanzritten werden besonders Schnelligkeit und Ausdauer geschult, beim Holzrücken die Kraft im langsamen Zug. Auch die seelisch-geistige Entwicklung eines Pferdes schreitet voran, indem es Erfahrungen macht, verarbeitet, selbstbewusster und tüchtiger wird.

Drei ist die Glückszahl

Ganz bewusst teilt der Reiter jede Trainingseinheit in drei Abschnitte ein: In der ersten, »Dehnungsphase« genannten Untereinheit wird das Pferd langsam aufgewärmt und auf die kommende Belastung vorbereitet. Der Dehnungshaltung kommt dabei besondere Bedeutung zu. Das Pferd soll in dieser Zeit fleißig, aber nicht übereilt bei erhaltenem Zügelkontakt und mit aktiver Hinterhand gedehnt, mit nach vorne-unten gestrecktem Hals und Kopf laufen. Es dehnt dabei die langen Rückenmuskeln und hebt die Bauchmuskulatur an. So werden diese großen Muskelgruppen optimal vorbereitet. Das Pferd wird in dieser Phase erst im Schritt, dann im Leichttraben auf langen Linien

Von einer vielseitigen Ausbildung ist noch niemand dümmer geworden …

– ganze Bahn und Zirkel – bewegt. Im Gelände geht es ebenfalls überwiegend geradeaus im Leichttraben oder Entlastungssitz, an der Longe werden die Hilfszügel in dieser Zeit ausgeschnallt oder lang verschnallt, je nachdem, welches Modell man einsetzt. Der Reiter nutzt diese Zeit, um selbst warm zu werden, um Sitz und Einwirkung zu überprüfen und zu optimieren und in Gedanken die Inhalte der kommenden Arbeit durchzugehen und sich mental vorzubereiten.

Sind Pferd und Reiter locker, geht es in die »Arbeitsphase«, auch »Leistungsphase« genannt. Jetzt wird das Pferd allmählich aufgenommen und die Art Zügelverbindung hergestellt, die dem Reitstil, dem Einsatzgebiet und dem Ausbildungsstand entspricht. In dieser Phase wird intensiv an den aktuellen Lernzielen geübt, wird flotter geritten, stärker versammelt, mehr verlangt. Eine engere Linienführung mit Volten, Kehrtvolten, Kurzkehrt oder vergleichbaren Übungen, dazu Schenkelweichen, Seitengänge, Rückwärtsrichten und andere Lektionen – je nach Reitstil und Spezialdisziplin sind die Inhalte unterschiedlich – führen das Pferd an seine Leistungsgrenzen heran, ebenso wie längere Phasen im Trab und Galopp. Dabei achtet der Reiter darauf, insbesondere nach kleinen Fortschritten oder gelungenen Übungen auch kurze ruhigere

Ganz zu Beginn der Trainingseinheit ist Ruhe angesagt.

Abschnitte einzuplanen, damit sein Pferd mit dem Erfolg ein positives Gefühl verknüpfen und das Erlernte besser verarbeiten kann. Bei der Arbeit im Gelände wird nun energisch vorwärts geritten, wird bergauf galoppiert, ein längeres Stück getöltet. An der Longe stehen Trab und Galopp an, unterbrochen von kurzen Schrittphasen. Die Hilfszügel sind nun eingeschnallt.

Nach einiger Zeit und immer, bevor Pferd und Reiter erschöpft sind, beendet eine gelungene Übung die »heiße Phase« des Trainings. Mit der Entspannungsphase wird die Regeneration, die Erholung eingeleitet. Diese Phase heißt auch »Erholungsphase« oder »Entspannungsphase«. Aus der Anspannung, der Versammlung, der Leistung bewegen sich Körper und Psyche zurück in Richtung Ruhemodus. Im Leichttraben wird der Zügel allmählich verlängert, das Tempo reduziert, die enge Linienführung zugunsten langer Linien eingestellt. Vielleicht geht es aus der Reitbahn noch eine Runde zum Bummeln ins Gelände, vielleicht sitzt der Reiter ein Stück vom Stall entfernt ab, schlägt die Steigbügel über, lockert den Sattelgurt um ein Loch und führt sein braves Pferd heim. Bei der Longenarbeit werden die Hilfszügel nun wieder ausgeschnallt und das Pferd noch ein wenig im Schritt bewegt. Haben sich Atmung und Puls beruhigt, wird die Trainingseinheit für heute beendet.

Abwechslung statt Einerlei

Einseitiges Training bedeutet einseitige Belastung und Überlastung. Einseitiges Training bedeutet aber

Während der Leistungsphase wird an verschiedenen Inhalten gearbeitet:
Galopp steht heute auf dem Plan (oben), aber auch dressurmäßiges Arbeiten mit Seitengängen (unten).

auch Langeweile und die wiederum lässt Motivation und Lauffreude dahinschmelzen wie Schnee in der Frühlingssonne. Und: Einseitiges Training bedeutet Fachidiotentum auf beiden Seiten des Sattels – das könnte man sicher etwas eleganter ausdrücken, aber nur so trifft es den Kern des Problems.

Sinnvolle Abwechslung wird umso wichtiger, je höher die Anforderungen an das Pferd sind und je spezieller sein hauptsächliches Einsatzgebiet ist. Bei hohen Anforderungen kommt es schneller zu Überlastungen an Physis und Psyche und ausgleichende Beschäftigung hat einen besonders hohen Stellenwert. Bei Pferden, deren »Beruf« schon recht viel Abwechslung mit sich bringt – etwa bei einem Wanderreitpferd, das gerne auch in verschiedenen brei-

Vielleicht das wichtigste Element jeder Trainingseinheit: Ein dickes Lob, spätestens am Ende der Übung!

tensportlichen Wettbewerben eingesetzt wird, ist Vielseitigkeit auch im Training ganz selbstverständlich. Ein ausschließlich im Springsport eingesetzter Leistungssportler dagegen wird häufig einem sehr einseitig ausgerichteten Training unterzogen und dabei stark belastet – eine Kombination, die zu frühzeitigem Verschleiß und Verlust der Gehfreude führen kann, wenn der Reiter nicht bewusst gegensteuert.

Abwechslung kommt auf vielerlei Weise zustande, etwa durch Wechsel zwischen Arbeit unter dem Sattel und Bodenarbeit oder Wechsel zwischen Arbeit in der Bahn und im Gelände. Ergänzende Bodenarbeit an der Longe, der Doppellonge, an der Hand oder in Form von Handpferdearbeit hat viele Vorteile, vor allem aber erlaubt sie es, das Pferd unbelastet vom Reitergewicht zu trainieren. Bodenarbeit sollte mindestens einmal wöchentlich auf dem Programm stehen, außerdem bevorzugt nach Ruhetagen. Das Gelände mit seinem unterschiedlichen Geläuf, seinen vielfältigen Sinneseindrücken, den Witterungsreizen und dem Geländeprofil hält

Damit es Little Yellow Spirit und Judith nicht zu langweilig wird, gehen beide regelmäßig ins Gelände.

Trainingsinhalte bereit, die in der geschützten Reitbahn oder der Halle nicht möglich sind. Rücken und Hinterhand profitieren von der Arbeit mit unterschiedlichen Geländeprofilen (bergauf, bergab), der Trageapparat von unterschiedlichem Geläuf (weicher Waldboden, einzelne Felsen, harte befestigte Wege, Graspfade etc.), während es in der Bahn immer nur auf recht tiefem, weichem Boden und ebener Strecke vorangeht.

Wechsel zwischen unterschiedlichen Arbeitsinhalten

Heute Dressurarbeit in der Reitbahn, morgen Konditionstraining im Gelände, übermorgen nach einer halben Stunde in der Führmaschine Springstunde, danach ein Ruhetag auf der Weide, anschließend Longenarbeit, dann wieder Freispringen – so könnte ein Ausschnitt aus dem Trainingsplan eines Springpferdes aussehen. Heute Tölttraining auf der Ovalbahn, morgen als Handpferd ins Gelände, übermorgen dressurmäßige Grundlagenarbeit in der

Kontrastprogramm: Die holzrückende Freibergerstute …

Halle, am Tag danach Doppellongenarbeit mit Schwerpunkt Tölt, am Wochenende ein längerer Ausritt ganz ohne Tölt, dann vielleicht ein kurzer, knackiger Geländeritt, nach einem Ruhetag auf der Weide Longenarbeit mit Cavalettitraining, am nächsten Tag Reitstunde … auch das Gangpferd profitiert von viel Abwechslung. Immer gehen unterschiedliche Arbeitsinhalte mit verschiedenen Trainingsstätten und -methoden Hand in Hand.

Wechsel zwischen Leistungsphasen und Ruhephasen

Ganz entscheidend sind Trainingspausen, die dem Körper erlauben, die vorangegangene Belastung zu verarbeiten und Trainingsfortschritte möglich machen. Pause bedeutet nicht: Ein Tag Langeweile in der Box! »Stehtage« müssen immer mit der Möglichkeit zur freien Bewegung verbunden werden, sollten also im Offenstall oder auf der Weide verbracht werden. Ein bis zwei Ruhetage pro Woche sind optimal.

… ist im »Hauptberuf« Dressurpferd.

Wechsel zwischen Neuem und Bekanntem

Auf einer soliden Grundlage aufbauend profitieren Pferde durchaus davon, Neues lernen zu dürfen. Dabei wird die Grundlagenarbeit nie vernachlässigt und immer wieder aufgefrischt. Geübt wird überwiegend das, was Pferd und Reiter noch nicht können.

Viele Pferde werden zu einseitig trainiert, viele auch zu unregelmäßig. Generell gilt: Lieber häufiger kurz arbeiten als selten lang. Pferde, die täglich »geschrubbt« werden sind genauso arm dran – und genauso frühzeitig »verbraucht« – wie die Kollegen, die sich unter der Woche ausruhen dürfen und dann am Wochenende stundenlange Geländeritte verkraften sollen.

8 Gesundheit!

8. Gesundheit!

Es ist ein Stück heile Welt, ein Zufluchtsort, unser Reitstall. Doch auch diese heile Welt wird bedroht: Bakterien, Viren und Pilze suchen ständig nach Lücken in der körpereigenen Abwehr, Parasiten hausen als ebenso eklige wie gefährliche Untermieter in schwer arbeitenden Organen. Kurz: Das Paradies wird von allen Seiten bedrängt und bedroht! Was kann, was muss der Pferdehalter tun?

Muss sein – die Impfung

Impfungen schützen zuverlässig insbesondere vor Infektionserkrankungen, die

- nicht oder nur wenig erfolgversprechend behandelt werden können,
- besonders ansteckend sind,
- mit schweren gesundheitlichen Beeinträchtigungen einhergehen,
- großen wirtschaftlichen Schaden verursachen und
- die Einsatzfähigkeit des Pferdes dauerhaft einschränken.

Im Zusammenhang mit Impfungen ist oft von unklar definierten Problemen die Rede. Pferdehalter befürchten »Impfschäden« oder »Impfdurchbrüche«, meist ohne zu wissen, worum es sich handelt. Dazu muss gesagt werden: Verglichen mit den Gefahren, die von den entsprechenden Infektionserkrankungen ausgehen, sind die mit einer Impfung verbundenen potenziellen negativen Folgen als äußerst gering einzustufen. Bei gesunden Pferden, die im Anschluss an die Impfung zwei bis drei Tage angemessen geschont werden, kommt es im Zusammenhang mit einer Impfung nur äußerst selten zu Problemen. Am häufigsten sind wohl lokale Irritationen durch die Injektionsnadel. Auch ein sorgfältig vorgehender Tierarzt kann nie ganz ausschließen, dass über den Stichkanal Keime in die Unterhaut eindringen und dort Abszesse verursachen. Auch kleine Hämatome oder Serome können sich vereinzelt bilden, verursachen jedoch keine dauerhaften Probleme.

Raus mit der Spritze, ran ans Pferd!

Die Impfung gegen Tetanus ist wohl die wichtigste vorbeugende Gesundheitsmaßnahme bei unseren Pferden. Heute dürfte eigentlich kein Pferd mehr an Tetanus oder Wundstarrkrampf erkranken, denn eine gut verträgliche Impfung schützt vor der meist tödlich endenden, quälenden Erkrankung. Tetanus entsteht als Folge einer oft völlig harmlosen Wunde, in der sich unbemerkt Bakterien (Clostridium tetani) breit machen. Sie produzieren ein äußerst wirkungsvolles Gift (Tetanustoxin), das schwerste Krämpfe verursacht und schlussendlich zu einem völligen Zusammenbruch der gesamten muskulären Aktivität einschließlich der Schluck- und Atemmuskulatur führt – was das für das Pferd bedeutet, lässt sich leicht vorstellen.

Über Jahrtausende hat die Infektion mit dem Tollwuterreger in Deutschland und den umgebenden Ländern jährlich viele Tote unter Wildtieren, Haustieren und Menschen gefordert. Seit April 2008 ist Deutschland offiziell tollwutfrei, in anderen Ländern, insbesondere in Indien, fordert diese meist tödlich ausgehende Infektion allerdings nach wie vor viele Todesopfer unter der Bevölkerung. Seit Deutschland allgemein als tollwutfrei gilt, ist eine gewisse Impfmüdigkeit zu beobachten. Obwohl die

Für Turnierpferde sind genaue Vorschriften bezüglich des Impfschutzes zu beachten.

Gefahr gebannt scheint, können und sollten Pferde weiterhin gegen Tollwut geimpft werden.

Turnierpferde und andere, die häufig auf Veranstaltungen in Kontakt mit Artgenossen kommen oder in Ställen mit hoher Fluktuation stehen, sollten bzw. müssen gegen Influenza und auch gegen Herpesinfektionen geimpft werden. Für viele Veranstaltungen ist ein aktueller Impfschutz sogar vorgeschrieben und der Nachweis einer Impfung im korrekten Intervall Voraussetzung für die Teilnahmeerlaubnis. Auch für Zuchtpferde empfiehlt sich ein umfassender Impfschutz. Weniger üblich sind Impfungen gegen die Druse (nur in akut gefährdeten Beständen) sowie gegen bestimmte Hautpilzerkrankungen.

Generell gilt: Nur gesunde Pferde impfen! Nach der Impfung sollte sich Ihr Pferd für etwa zwei bis drei Tage nicht körperlich anstrengen. Informieren Sie sich rechtzeitig über notwendige Impfungen und korrekte Impfnachweise, wenn Ihr Pferd ins Ausland verbracht werden soll.

Weg mit den Biestern

Wo Pferde sind, da sind auch Würmer. Diese ekligen Biester schleichen sich mit ausgeklügelten Mechanismen in wirklich jedes Pferd ein. Am Ziel ihrer

Wünsche angelangt, richten sie es dann nach allen Regeln der Kunst zugrunde, entziehen ihm wichtige Nährstoffe, schädigen die Darmschleimhaut oder wandern durch den Organismus und durchbohren dabei rücksichtslos jedes Organ, das sich ihnen in den Weg stellt. Unsere Pferde beherbergen Fadenwürmer, Saugwürmer, Bandwürmer sowie bestimmte Entwicklungsstadien von Insekten (Magendassellarven).

Leider gibt es gegen die todbringenden Biester keinen vorbeugenden Schutz im Sinne einer Impfung, vielmehr heißt das Ziel: Die Wurmbürde klein halten, also die Zahl der im Pferd lebenden Parasiten ebenso wie die der in der Umgebung befindlichen so begrenzen, dass gesundheitliche Schäden vermieden werden. Dazu müssen hygienische Maßnahmen und eine systematisch vorgenommene Entwurmung Hand in Hand gehen.

Ein Plan muss her, um den düsteren Absichten der kleinen Ekelpakete ein Schnippchen zu schlagen! Experten – und nicht nur sie – streiten seit Jahren ergebnislos über die richtige Strategie: Der allgemein am häufigsten verfolgte Plan heißt »slow rotation«. Durch jährlichen Wechsel der Wirkstoffgruppe des verwendeten Entwurmungsmittels hofft man, die sich bei unüberlegtem Einsatz dieser Mittel einstellenden Resistenzen (die Würmer werden resistent, nicht das Pferd!) vermeiden zu können. Mindestens viermal jährlich muss entwurmt werden, wobei jährlich zwischen den Wirkstoffgruppen abgewechselt wird. Wissenschaftliche Untersuchungen lassen aber daran zweifeln, ob dieses Vorgehen wirklich die beste Lösung ist. Viele Experten raten alternativ zu regelmäßig durchgeführten Kotuntersuchungen, einer auf das Ergebnis abgestimmten folgenden Entwurmung und anschließender Erfolgskontrolle.

Es kommt nach Wurmkuren vereinzelt zu sogenannten »Wurmkoliken«, die von den Besitzern auf die böse, böse Chemie in der Wurmkur zurückgeführt werden. Falsch! Es ist nicht das Mittel, das diese Koliken verursacht, sondern die Wurmbürde im Pferd. Krankheitssymptome nach der Entwurmung können sowohl durch das massenhafte Absterben der Würmer verursacht werden als auch durch Entwicklungsstadien, die aus dem Organismus in den Darm eindringen. Bei starkem Wurmbefall befinden sich zahlreiche nicht ausgereifte Würmer überall im Organismus, die in einer Art »Winterruhe« erstarrt sind. Wird das Pferd durch eine Wurmkur schlagartig von allen im Darm lebenden Würmer befreit, erwachen die »schlafenden« Larven aus ihrer Starre, steuern den Darm an und dringen in großer Zahl mehr oder weniger gleichzei-

Diese Ekelpakete haben im Darm unserer Pferde nichts verloren!

tig durch die Darmwand ins Innere. Das tut tierisch weh – es entsteht eine Wurmkolik.

Zeigt her eure Hufe

Nur auf gesunden Füßen geht ein Pferd gesund durchs Leben. Für welche Form von Hufpflege man sich entscheidet, hängt von der individuellen Hufform und Hornbeschaffenheit, der Art und Intensität der Nutzung ab und muss aufgrund von harten Fakten entschieden werden. Die Behauptung, jedes Pferd könne ohne Beschlag gehalten und geritten werden, ist falsch und berücksichtigt nicht, dass Pferdehufe von der Natur nicht mit den Eigenschaften ausgestattet wurden, die eine Nutzung durch den Menschen erlauben und bislang auch keine züchterische Selektion auf diese Eigenschaft erfolgt ist.
Ob man sich für einen traditionellen Beschlag, für Hufschuhe, für alternative Beschläge entscheidet oder tatsächlich ohne Beschlag auskommt, die regelmäßige Pflege der Hufe und Kontrolle der Hufform muss sein. Mangelhafte oder fehlende Hufpflege macht krank: Es drohen nicht nur Probleme am Huf selbst, sondern durch Fehlstellungen auch Schäden an Knochen, Gelenken und Muskulatur. Nicht zuletzt tut es einfach weh, ohne ausreichenden Hufschutz geritten zu werden – immer dann, wenn das Hornwachstum nicht mit dem Abrieb Schritt halten kann und das Pferd irgendwann »auf den Felgen« läuft, auf einer dünnen, empfindlichen Sohle.

Beschlagsintervalle von höchstens acht Wochen müssen eingehalten werden, um den Trageapparat des Pferdes nicht durch die sich einstellende, abweichende Stellung des Hufes zu belasten. Sind die Beschlagsintervalle zu lang, wächst die Zehe übermäßig, der Huf wird immer flacher und dies wiederum belastet die Hufrolle, die anatomische Struktur aus Strahlbein, Tiefer Beugesehne und Schleimbeutel. Barhufe müssen aufmerksam kontrolliert werden, um einseitigen Abrieb zu korrigieren, Steine zu entfernen und die Hufform im Auge zu behalten.

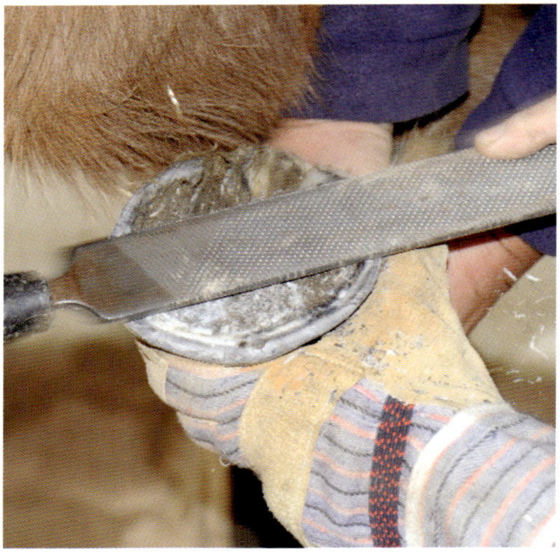

Regelmäßige Hufpflege stellt das Leben unserer Pferde auf eine gesunde Basis.

Auch morgen noch …

wollen unsere Pferde kräftig zubeißen können. Nur ein gesundes Gebiss ist in der Lage, faserreiche Nahrung zu zermahlen und für die Verdauung vorzubereiten. Auch bei der Arbeit unter dem Sattel spielt das Gebiss oder besser, die Maultätigkeit eine große Rolle. Entspanntes Abkauen ist unseren Pferden nur möglich, wenn es im Maul nicht schmerzt. Die anatomische Beschaffenheit des Gebisses macht unsere Pferde anfällig für Zahnprobleme. Weil die Zahnreihen von Ober – und Unterkiefer nicht genau aufeinander passen, kommt es infolge des natürlichen Abriebs zur

Verliert ein Pferd solche »Wickel« aus dem Maul, wird es höchste Zeit für einen Besuch beim Zahnarzt.

Bildung von Zahnhaken, schmerzhaften Graten auf der Kaufläche, die Zahnfleisch und Zunge verletzen und das Kauen und Abkauen mechanisch behindern.

Einmal jährlich, bei Problemen auch öfter, sollte das Gebiss aller Pferde kontrolliert und korrigiert werden. Müssen lediglich Zahnhaken entfernt werden, ist dies ambulant von jedem guten Pferdetierarzt zu bewerkstelligen. Bei gravierenden Problemen blieb früher oft nur der Gang in die Pferdeklinik, heute sind zahlreiche mobile Pferdedentisten unterwegs, die viele Eingriffe vor Ort durchführen können. Trotzdem bleibt eine intensive Zahnbehandlung eine aufwendige und oft nicht unproblematische Angelegenheit, gerade deshalb kommt der Vorsorge so große Bedeutung zu. Nicht nur auffällige Probleme bei der Futteraufnahme, sondern auch Anlehnungsschwierigkeiten während der Arbeit unter dem Sattel deuten auf Zahnweh hin, ebenso wie übler Geruch aus der Maulhöhle. Hier muss schnell gehandelt werden!

Schmuddelkinder, nein danke!

Pferde sind von Natur aus saubere Tiere, die ihre Ausscheidungen meiden. Da sie als Fernwanderwild ursprünglich große Gebiete durchstreiften, fehlt die Notwendigkeit, Kot und Urin zu verscharren und damit auch eine entsprechende Verhaltensweise. Nimmt der Mensch ihnen die Möglichkeit, sich vom Ort ihrer Hinterlassenschaften zu entfernen, stehen sie hilflos in Kot und Urin. Eine Mischung, die nicht nur eklig, sondern auch gesundheitsschädigend ist. Besonders fatal wirkt sich dies bei Boxenhaltung aus, denn in der Einstreu entsteht bei mangelhafter Hygiene das Gas Ammoniak, das auf Eiweiß zersetzend wirkt. Dieses Gas reichert sich über dem Boden an. Legt das Pferd sich zum Schlafen nieder, atmet es Ammoniak ein, was langfristig zu irreversiblen Schädigungen der Atemwege führt. Verbunden mit dem Mangel an Frischluft und der dauernden Belastung der Atemluft durch Stäube ist dies die Hauptursache für die Entstehung chronischer Hustenerkrankungen, wie sie bei Boxenhaltung gehäuft auftreten.

Für alle Lebensräume unserer Pferde gilt: Die Äppel müssen weg, und zwar so schnell und so gründlich wie möglich! Damit verringert sich nicht nur die Ammoniakbelastung, sondern auch die Gefahr der Verwurmung, da jedes befallene Pferd über seinen Kot die Infektion verbreitet. Hygiene bedeutet auch Fütterungshygiene! Raufutter darf nicht vom Boden gereicht werden, da es dabei automatisch mit Kot verschmutzt und mit Würmern infiziert wird. Raufen, Krippen und Tränken sind täglich zu säubern, um sie von Futterresten und etwaigen Äppeln – manche Pferde messen sich offensichtlich im

Steht in keinem Gesetzbuch, ist aber trotzdem ein wichtiges Gesetz: Je länger die Äppel liegen bleiben, desto verwurmter sind die Pferde.

Wettk ... mit der Selbsttränke als bevorzugtem Ziel – zu reinigen.

Ställe – aber sicher!

Wer mit offenen Augen durch die Stallanlage geht und alle Einrichtungen aus dem Blickwinkel eines Pferdes betrachtet, betreibt ebenfalls Gesundheitsvorsorge. Zahlreiche Fallen lauern auf unsere Pferde und führen zu vermeidbaren Unfällen. Sein Augenmerk richtet der Pferdehalter insbesondere auf zwei Gefahrenquellen: Unpassende Abstände, gefährliche Gerätschaften und ungeeignete Einzäunungen. Alle Abstände, mit denen Pferde in Berührung kommen, müssen so bemessen sein, dass sie sich darin nicht verhängen können – mit Hufen, Beinen, dem Kopf, dem Rumpf. Dies gilt für Abstände zwischen

- Türen und Wänden und dem Boden,
- Gitterstäben,
- Seitenwänden und Decke,
- Boden und Rohrpaneelen sowie
- waagrecht angebrachten Begrenzungen.

Im Zusammenhang mit Zäunen kommt es immer wieder zu schweren Unfällen: Pferde legen sich hin, geraten im Liegen unter das unterste Rohr, können nicht aufstehen und erleiden schwere Schädigungen der Wirbelsäule. Oder sie stecken den Kopf zwischen zwei übereinander liegenden Balken, erfassen einen dritten, darunter liegenden mit dem Maul und hängen fest. Panik!!! Auch Elektrozäune führen immer wieder zu Problemen, vor allem, wenn sie enge Paddocks einzäunen. Pferde geraten beim Niederlegen darunter oder verfangen sich beim Kabbeln über dem Zaun mit Hufen oder Hälsen darin. Pferde sind Fluchttiere, die mit Panik reagieren, wenn sie sich in aussichtsloser Lage glauben. Der Mensch ist hier gefordert, mit den Augen seines Pferdes zu sehen und wie sein Pferd zu denken.
Ebenso problematisch ist der fahrlässige Umgang mit Gerätschaften. Mistgabeln und Schubkarren stehen irgendwo herum und warten nur darauf, dass sich ein Pferd an ihnen verletzt. Was passiert, wenn ein mit herunterhängenden Steigbügeln geführtes Pferd zu dicht an eine Schubkarre gerät, der Steigbügel sich im Griff verhängt? Was geschieht, wenn ein angebundenes Pferd sich erschrickt und zur Seite springt, dorthin, wo Schaufeln, Besen und Gabeln an der Wand lehnen? Beim Gang durch den Stall sollten auch diese und andere Gefahrenquellen bemerkt und beseitigt werden.

Hier sind Hengste untergebracht, die sich gerne mal über den Zaun hinweg kabbeln und ansteigen – Elektrodrähte wären da fehl am Platz.

Gute Pflege, Herr Doktor!

Bei der täglichen Pflege achtet der Reiter auf Schwellungen, ein verändertes Haarkleid, auf Reaktionen seines Pferdes, die auf eine besondere Empfindlichkeit, gar eine Schmerzhaftigkeit hinweisen. Sind die Beugesehnen klar gezeichnet? Die Gelenke trocken? Schaut das Auge frisch und aufmerksam? Ist das Haarkleid glatt, glänzend, dicht und anliegend? Benimmt sich unser Pferd wie immer oder ist es ruhiger, teilnahmslos oder aber auffallend nervös? Weicht es unserer Berührung aus, etwa am Rücken? Trippelt es herum, wenn wir den Sattel auflegen? Weigert es sich beim Aufzäumen, das Gebiss ins Maul zu nehmen? Geht es rückwärts, während wir aufsitzen wollen? Viele, kleine Hinweise können dem aufmerksamen Pferdefreund zeigen, dass mit seinem Vierbeiner etwas nicht stimmt.

9 Kost und Logis

9. Kost und Logis

Liebe geht durch den Magen und natürlich beweist sich auch die Zuneigung des Pferdefreundes zu seinem treuen Ross in der richtigen Fütterung. »Richtig« heißt hier »bedarfsgerecht« und um bedarfsgerecht füttern zu können, muss man den Bedarf des Pferdes kennen. Da hilft ein Blick in die Vergangenheit unserer Pferde, in die Zeit, bevor wir Menschen sie in unsere Obhut nahmen.

Weite Steppe, wildes Pferd

Heimat der Wildpferde war die weite Grassteppe. Als Fernwanderwild zogen sie grasend durch die Ebenen und legten im gemütlichen Schritt täglich weite Strecken zurück. Ihre Nahrung bestand aus Gras, mal saftig und gehaltvoll, mal trocken und arm an Nährstoffen. Immer aber war diese Nahrung reich an Rohfasern, an Ballaststoffen, die im Darm des Pferdes auch mit Hilfe darin lebender Mikroorganismen aufgeschlossen und anschließend verwertet wurden. Das arttypische Verhalten des Pferdes und die Anatomie und Funktionsweise seines Verdauungssystems waren und sind auf diese Art der Ernährung ausgerichtet, daran hat sich während des vergleichsweise kurzen Zeitraums der Haltung in der Obhut des Menschen nichts geändert. Überdies sind alle Pferde trotz ihres optisch so unterschiedlichen Erscheinungsbildes im Hinblick auf ihre Ernährung und die damit zusammenhängenden Verhaltensmuster identisch.

Die wichtigsten Schlussfolgerungen für uns Pferdehalter:

- Basis der Fütterung ist hochwertiges Raufutter,
- ein großer Zeitraum des Tages ist für die Futteraufnahme vorgesehen,
- das Futter sollte so vorgelegt werden, dass es in physiologischer Körperhaltung aufgenommen werden kann,
- gleichzeitig muss das Bewegungsbedürfnis des Pferdes befriedigt werden.

In der praktischen, täglichen Fütterung spielt das Raufutter die wichtigste Rolle. Gutes Heu (erster Schnitt) in Mengen von ungefähr 1–1,5 kg pro 100 kg Körpermasse des Pferdes täglich ist die Grundlage. Alternativ kann Silage (Heulage, Anwelksilage) gereicht werden, alte Pferde bekommen oft Heucobs in entsprechenden Mengen, da sie Heu nicht mehr kauen können. Stroh wird ergänzend aus der Einstreu aufgenommen. Mehr als geringfügig gearbeitete, wachsende oder eine Zuchtleistung erbringende Pferde erhalten zusätzlich Kraftfutter, meist ein Fertigprodukt, das speziell auf die Bedürfnisse einer bestimmten Gruppe zugeschnitten ist. Liegt bezüglich bestimmter Nähr- oder Wirkstoffe ein erhöhter Bedarf vor, wird ein passendes Zusatzfuttermittel gereicht. Äpfel, Möhren und andere Leckereien ergänzen fallweise die tägliche Ration. Nach großen Anstrengungen oder bei Krankheit wird Mash gefüttert, ein warmer Brei, der den Appetit anregt und sehr gerne gefressen wird.

Was die Futtermenge angeht, so richtet sich diese nach zwei Faktoren: Der Körpermasse des Pferdes und der erbrachten Leistung, wobei darunter nicht alleine die Arbeitsleistung, sondern auch Wachstum oder Zuchtleistung zu verstehen ist. Das Gewicht eines Pferdes lässt sich näherungsweise berechnen, schätzen oder wiegen, was natürlich am genauesten ist. Dazu wird entweder eine mobile Pferdewaage an den Stall bestellt oder man verlädt das

Alte Pferde können Heu nicht mehr gut zerkleinern, sie erhalten alternativ eingeweichte Heucobs.

Pferd, fährt mit dem Gespann auf die Waage etwa eines Futtermittelgroßhandels, wiegt, fährt heim, lädt den Vierbeiner aus und misst dann das Gewicht ohne Pferd – aus der Differenz ergibt sich das Gewicht des Pferdes. Die Arbeitsleistung eines Pferdes kann der Reiter nur ungefähr schätzen, wobei die meisten Reitpferde sich im Bereich leichte bis mittlere Arbeit bewegen.

Aus beiden Werten kann der Gesamtbedarf rechnerisch ermittelt werden, hinzu kommen rassebedingte und individuelle Unterschiede, die sich beispielsweise aus dem Alter des Pferdes ergeben. Das Ganze hört sich kompliziert an und ist es leider auch, zum Glück gibt es aber kostenlos nutzbare Rechner im Internet, die uns viel Arbeit abnehmen.
Ganz grob lässt sich sagen: Der Erhaltungsbedarf eines Pferdes wird über die Fütterung von Heu, Silage oder durch den Weidegang abgedeckt, eine zusätzlich erbrachte Leistung über die Gabe von Kraftfutter. Grundsätzlich empfiehlt es sich, stets zu beachten:

- Raufutter reichlich, Kraftfutter sparsam geben,
- Zusatzfutter nur bei nachgewiesenem Bedarf,
- so füttern, dass jedes Pferd täglich viele Stunden mit der Futteraufnahme beschäftigt ist,
- auf Grundlage einer Rationsberechnung füttern, den Futterzustand des Pferdes aber immer mit berücksichtigen.

Pflege mit Augenmaß

Bei der Pferdepflege sind »pferdische«, nicht menschliche Maßstäbe anzulegen. »So viel wie nötig, so wenig wie möglich« lautet hier das passende Motto.
So wenig wie möglich bedeutet, dass wir Mutter Natur machen lassen sollten. Fell, Unterhautfettgewebe, eine wasserabweisende Schutzschicht aus Fettstaub, der pH-Wert der Hautoberfläche und die Besiedlung der Haut mit gutartigen Mikroorganismen – zusammen schützen sie unsere Pferde vor Wind und Wetter. Jede Pflegemaßnahme des Menschen stört dieses ausgeklügelte System, so kann etwa ein »Vollwaschgang« mit einem Shampoo den Fettstaub wegspülen, den pH-Wert verändern und die Mikroorganismen empfindlich stören – beim nächsten Regen ist das Pferd bis auf die Haut nass, beim nächsten Kontakt mit Schadkeimen ist eine Hauterkrankung vorprogrammiert. Also ist Zurückhaltung angesagt!
Regen und Wind übernehmen regelmäßig die Große Wäsche. Immer wieder werden unsere Pferde mit sauberem, weichem Wasser geduscht und anschließend trocken geföhnt. Maßnahmen der soli-

oben: Für uns Menschen unverständlich: Ohne pflegerisches Eingreifen kommen Pferde besser mit schlechtem Wetter zurecht.

links: So ein schöner Winterspaziergang gilt nicht als Arbeit, dafür gibt es kein Kraftfutter – sorry, Fair!

tären und sozialen Fellpflege ergänzen diesen kostenlosen Service. Alle erreichbaren Stellen werden vor allem während des Fellwechsels sorgfältig mit den Zähnen bearbeitet, juckende Popos und Hälse an Zaunpfählen geschubbert, Kollegen zum Beknabbern von Rücken und Widerrist auf Gegenseitigkeit animiert. Intensives Wälzen auf unterschiedlichen Untergründen hilft, altes Fell loszuwerden oder verpasst dem Pferd eine fest anhaftende Kruste als Schutz gegen Stechinsekten und andere lästige Krabbler.

So viel wie nötig heißt, dass wir gerittene Pferde vor der Trainingseinheit putzen. Überall dort, wo die Ausrüstung aufliegt, muss das Fell von grobem Schmutz gereinigt werden, damit es nicht zu Hautirritationen kommt. Staub, Sandkörner und verfilztes Fell wirken durch die Reibung unter Sattel und Zaumzeug wie Schleifpapier auf der empfindlichen Haut. Nach dem Ritt wird das verschwitzte Fell mit handwarmem Wasser (Sommer) ausgebürstet oder mit einer groben Bürste übergeputzt und abschließend aufgestellt, damit es besser trocknet. Vor und nach dem Ritt werden die Hufe von grobem Schmutz befreit. Mähne und Schweif werden mög-

Das Abspritzen mit klarem Wasser greift kaum in den natürlichen Schutz der Hautoberfläche ein, und viele Pferde genießen es richtig!

lichst nicht durchgekämmt. Vor besonderen Anlässen kann eine Komplettreinigung nötig werden. Dazu benutzen wir ein spezielles Pferdeshampoo und jede Menge Wasser. Es ist wichtig, das Pferd zügig zu shampoonieren und zu waschen, damit es nicht zu sehr auskühlt. Bei Mähne und Schweif können zwei Waschgänge nötig sein. Anschließend wird die Mähne mit einer speziellen Bürste vorsichtig ausgekämmt, der Schweif mit den Fingern Haar für Haar verlesen. Im Winter verbieten sich solche Aktionen, während der Übergangszeit ist es nötig, das Pferd anschließend einzudecken, bis es ganz getrocknet ist oder es zum Trocknen unter eine Infrarotanlage zu stellen. Lediglich bei sehr warmem Wetter sind keine Vorsichtsmaßnahmen nötig.

So viel wie nötig heißt auch, Pferde nur dann einzudecken, wenn sie diesen Schutz wirklich brauchen. Das ist der Fall bei

- an Sommerekzem, einer allergischen Reaktion auf den Speichel bestimmter Stechinsekten, erkrankten Pferden; sie benötigen während der warmen Jahreszeit rund um die Uhr eine Ekzemdecke.
- stark auf Fliegen und Bremsen reagierenden Pferden, die oft so genervt sind, dass sie auf der Weide das Fressen vergessen, bei der Arbeit unter dem Sattel nicht mehr auf den Reiter hören können; sie schützen wir mit einer Fliegendecke.
- erhitzten, schwitzenden Pferden, die bei kühlem/nassem/windigem Wetter schnell auskühlen und sich dabei erkälten oder Verspannungen der Muskulatur zuziehen können; sie werden vorübergehend mit einer Abschwitzdecke eingedeckt.
- alten, kranken, mageren oder geschorenen Pferden, die besonders bei einer Kombination aus Kälte, Regen und Wind schnell frieren; ihnen helfen wir mit einer Thermodecke, die bei Offenstallpferden wasserdicht sein muss.

In zwei Fällen kann es sinnvoll sein, Pferde zu scheren. Zum einen entwickeln Offenstallpferde während des Winterhalbjahres ein sehr dichtes Fell, das sie natürlich hervorragend schützt. Es behindert aber auch die Abgabe der bei jeder Form des Trainings entstehenden überschüssigen Wärme. Schert man einen Teilbereich der Körperfläche, etwa

Zu einem großen Auftritt gehört eine große Wäsche, aber bitte mit Augenmaß.

den Hals unterhalb der Mähne sowie die Vorderbrust oder einen »Rallyestreifen« rundherum, so kann die Wärme über diesen »Kahlschlag« gut abgegeben werden, ohne dass den Pferden gleichzeitig der so wichtige Witterungsschutz genommen wird. Bei Leistungssportlern, die auch im Winterhalbjahr voll im Training stehen, ist oft eine großflächige Schur notwendig, die nur die Körperoberseite ausspart. Diese Pferde werden dann aber beständig eingedeckt, da man ihnen den natürlichen Witterungsschutz genommen hat.

Sauber und ordentlich

Bei der Ausrüstung unserer Pferde dürfen wir durchaus menschliche Hygienemaßstäbe anlegen. Satteldecken, Decken und Transportgamaschen werden regelmäßig gewaschen, Lederzeug wird mit spezieller Sattelseife gereinigt und anschließend gefettet oder nach Maßgabe des Hersteller mit Spezialprodukten geschützt. Auch Gebisse werden, am besten nach jeder Nutzung, sorgfältig gereinigt. Pferde reagieren oft sehr empfindlich auf Farbstoffe und Parfüme in Reinigungsmitteln, oft ist einfache Kernseife oder klares Wasser deshalb besser.

Pflege und Management gehen Hand in Hand. In professionell geführten Ställen ist es üblich, die Pferde zweimal täglich zu misten und zu füttern sowie die Anlage zu fegen. Weidepferde werden mindestens einmal täglich besucht, wobei

- alle Pferde auf Verletzungen und Krankheiten kontrolliert werden,

- der Zaun auf Schwachstellen untersucht,
- die Zaunspannung überprüft und
- die Wasserversorgung nachgesehen wird.

Beim Misten werden möglichst alle Verunreinigungen entfernt, anschließend wird Einstreu nachgefüllt. Die Pferde erhalten mindestens zweimal täglich Raufutter, die Kraftfuttergabe richtet sich nach dem Gesamtbedarf. Übersteigt der Kraftfutterbedarf 0,5 kg/100 kg Körpermasse des Pferdes, wird er auf zwei oder mehr Gaben verteilt. Wenn möglich, sollten die Pferde zunächst ihre Raufutterration und etwa 20 Minuten später das Kraftfutter erhalten. Alternativ bietet es sich an, dass bei

Weiden werden mindestens einmal täglich kontrolliert.

relativ geringen Kraftfuttermengen alle Pferde einzeln vom Reiter im Anschluss an die Trainingseinheit gefüttert werden, am besten mit einem umgehängten Eimer.

Immer dann, wenn bei der Stallarbeit viel Staub aufgewirbelt wird – einstreuen, fegen, Raufutter aufschütteln – sollten sich die Pferde nicht im Stall aufhalten, da die Staubbelastung langfristig Probleme verursachen könnte. Stauballergische Pferde werden nicht auf Stroh, sondern auf Spänen aufgestallt und erhalten Heulage anstatt Heu. Ihnen kann das Heu auch eingeweicht gereicht werden – es reicht nicht, es oberflächlich mit einer Gießkanne anzufeuchten, wobei dies im Winter bei Minusgraden kaum zu bewerkstelligen ist.

Als Einstreu wird traditionell Stroh verwendet, das allerdings zunehmend teuer wird. Alternativ werden Leinstroh oder Sägespäne (darauf achten, dass diese staubfrei und nur von garantiert ungiftigen Hölzern sind) eingesetzt. Nicht nur steigende Preise, sondern auch ein Entsorgungsproblem führen dazu, dass viele Betriebe bestrebt sind, die Masse des anfallenden Mistes zu begrenzen. Sie richten mit Gummimatten oder anderen Spezialbelägen eigene Ruhebereiche im Stall ein und legen regelrechte Pferdeklos an, die beispielsweise mit Sand befüllt werden. Die meisten Pferde werden recht schnell und zuverlässig »stubenrein«, zumindest, was die flüssigen Ausscheidungen angeht. Die festen Hinterlassenschaften können gut entfernt werden, die Toiletten werden regelmäßig ausgehoben und neu befüllt.

Ausmisten – es gibt sicher schönere, aber kaum wichtigere Arbeiten im Stall.

Das Drumherum

Eine mäusesichere und beheizbare Sattelkammer nimmt alle Sättel, Zaumzeuge und anderen Ausrüstungsgegenstände auf, die vor Diebstahl, Nässe und Schmutz geschützt werden müssen. Ohne Heizung trocknen Abschwitzdecken im Winter nicht ab, das feuchte Leder beginnt zu schimmeln und die eiskalten Gebisse können regelrecht festfrieren, schiebt man sie einem armen Pferd einfach so ins Maul.

Die Futterkammer muss sicher und fest verschließbar sein, damit kein ausgebüxtes Pferd sich dort unbemerkt bedienen kann – eine oft tödlich verlaufende Magenüberladung wäre die schreckliche Folge des nächtlichen Ausflugs! Futtersäcke werden nie direkt auf dem Boden gelagert, da sie dort Feuchtigkeit ziehen und verschimmeln. Wo möglich, wird das Futter in Futterwägen oder Tonnen aufbewahrt, zumindest aber auf Holzpaletten gelagert. Am besten dient die Futterkammer auch als Vier-Sterne-Luxusherberge des wichtigsten Bewohners: Überall tun Mohrle, Mini, Carlo und Co – bei uns ist es Merlin, vielen Dank an dich an dieser Stelle! – auf sanften Pfoten wertvolle Dienste als vierbeinige Schädlingsbekämpfer. Dürfen sie im Stall wohnen – natürlich mit Freigang – und werden sie dort gefüttert und medizinisch versorgt, wird keine Maus mehr ihr Unwesen treiben können.
Strom, Wasser, ein regensicherer und gut beleuchteter Arbeitsplatz für den Schmied oder den Tierarzt, vielleicht noch ein Aufenthaltsraum für die Reiter, das wäre es dann! Ob es die Pferde gut haben, ob man sachkundig für sie sorgt, lässt sich schon durch einen kleinen »Luxusvergleich« herausfinden, wenn man auf der Suche nach der passenden Unterkunft für das neue Traumpferd eine Anlage betritt. Stehen die Pferde in dunklen Gitterboxen in engen Stallungen, um die sich großzügige Rasenflächen und Blumenrabatte ziehen, dürfen Sie auf dem Absatz kehrt machen: Das hier ist nix! Steht im kleinen Reiterstübchen nur ein provisorischer Heizlüfter, freuen sich die vierbeinigen Pensionsgäste aber über eine Wärmelampe, ist hier vermutlich gut Pferd sein!

Alles an seinem Platz? Alles sauber und ordentlich verwahrt? Dann ist ja gut!

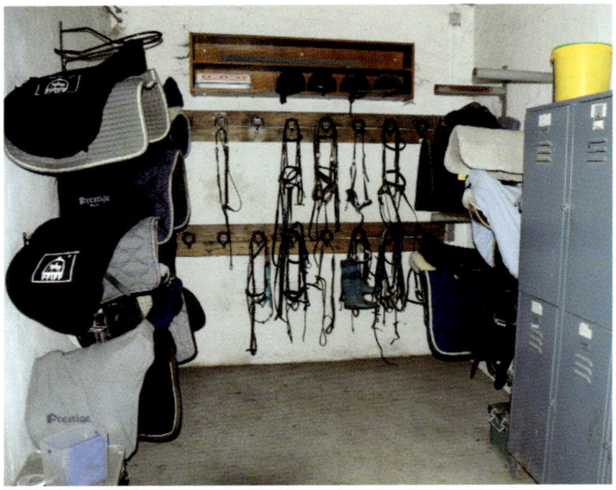

Mäuse-Terminator Merlin im Dienst, bitte nicht ablenken!

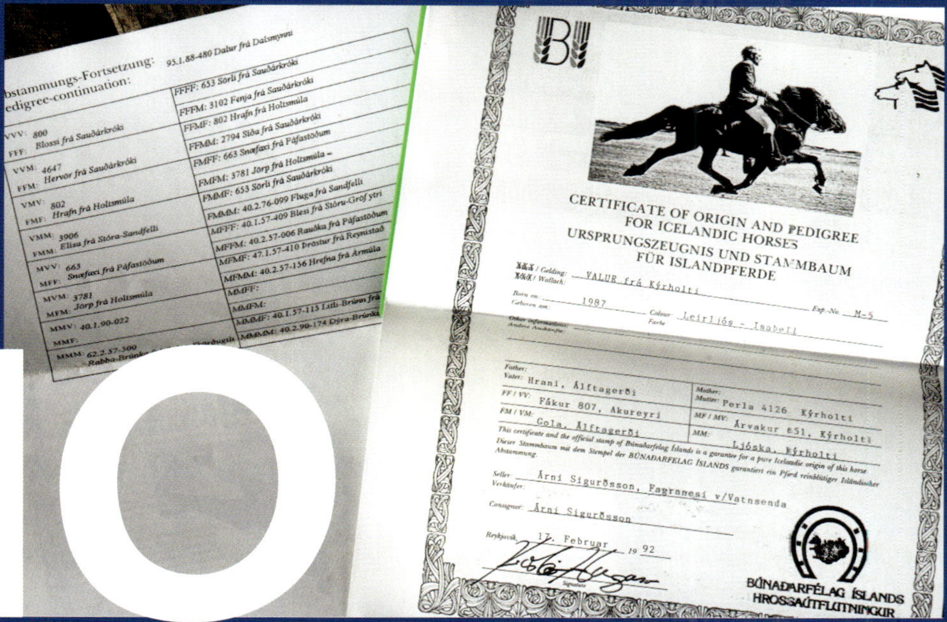

10

Von Amtsschimmeln und Papiertigern

10. Von Amtsschimmeln und Papiertigern

Wir Menschen kennen das: Oft nimmt der Papierkram überhand, oft kommen wir vor lauter Anträgen, Formularen und anderen Schriftstücken kaum noch zu unserer »richtigen« Arbeit. Schriftkram begleitet uns im Beruf wie in der Freizeit, nervt, raubt uns Zeit, kostet Geld. Unseren Pferden geht es da ähnlich, aber da sie nicht geschäftsfähig sind, bleibt der ganze Ärger an uns hängen!

Von der Wiege bis zur Bahre – Formulare, Formulare!

Eigentlich sind unsere Pferde sogar noch schlimmer daran als wir: Bei uns geht es erst mit der Geburtsurkunde los, bei unseren Pferden wird, zumindest bei Rassetieren, bereits das Schäferstündchen amtlich dokumentiert. Der Deckschein ist in der organisierten Pferdezucht sozusagen der Startschuss für den Amtsschimmel, gefolgt vom Fohlenschein, der die erfolgte Geburt dokumentiert. Pferde mit gesicherter Abstammung erhalten einen Abstammungsnachweis, unter Pferdeleuten einfach »Papiere« genannt. Darauf sind seine Vorfahren (der Stammbaum), der Züchter samt Zuchtort und andere Daten festgehalten. Rassepferde werden immer mit Abstammungsnachweis verkauft, ohne diesen ist das Pferd entweder keines (kein Rassepferd) oder schlicht geklaut. Vorsicht ist geboten bei Pferden mit (Schenkel-)Brand, aber ohne Papiere!

Alle Pferde, ob mit oder ohne gesicherte Herkunft, benötigen ein EU-weit geltendes Identitätsdokument namens »Equidenpass«. Dieses wird bei Rassepferden vom Zuchtverband, ansonsten von der FN ausgestellt und begleitet das Pferd fortan sein Leben lang. Hintergrund ist die Tatsache, dass Pferde rein amtlich als Schlachttier gelten und man über den Equidenpass einen offiziellen Nachweis über verordnete Medikamente hat, die über den Schlachtkörper nach dem Verzehr im Menschen landen könnten. Auch die Kontrolle von Seuchen soll erleichtert werden. Man hat praktischerweise in dieses Dokument gleich mehrere Nutzen integriert, so dient es auch als Eigentumsurkunde, Impfpass und es listet alle Merkmale des Pferdes auf, anhand derer es identifiziert werden kann. Für den Besitzer besonders wichtig: Er kann angeben, ob sein Pferd offiziell als Schachttier gelten soll oder ob es nicht zur Schlachtung bestimmt ist. Von der späteren Schlachtung ausgeschlossene Pferde dürfen bei Krankheiten mit bestimmten Medikamenten behandelt werden, deren Einsatz beim Schlachttier nicht möglich wäre. Insofern bringt die Deklaration als »nicht zur Schlachtung« bestimmtes Tier durch den gegenwärtigen Besitzer dem Pferd im Ernstfall einen immensen Vorteil. Der Equidenpass gehört zum Pferd und wird beim Verkauf mit übergeben.

Helle Wohnung, ruhige Lage, sofort frei

Wird das Pferd in einer Reitanlage aufgestallt, handeln Besitzer und Betreiber einen Vertrag aus, der die gegenseitigen Rechte und Pflichten regelt. Dabei sind mündliche Abmachungen ebenso bindend wie schriftliche Verträge. Es empfiehlt sich, alle relevanten Details schriftlich zu fixieren, damit im Streitfalle beide Seiten klar beweisen können, was wann abgemacht wurde oder eben nicht.

Rechtlich gesehen wird zwischen zwei Vertragsformen unterschieden: Bei einem Selbstversorger,

Ein Verwahrvertrag sorgt dafür, dass der Reiter auch zum Reiten kommt, der Pensionspreis liegt aber höher als bei einem Mietvertrag.

der also den Platz bezahlt, aber sein Pferd selbst füttert, ausmistet, auf die Weide bringt usw., liegt ein Mietvertrag mit allen für Mietverträge geltenden Bestimmungen etwa bezüglich der Kündigungsfrist vor. Bucht der Pferdebesitzer »Vollpension«, handelt es sich um einen »Verwahrungsvertrag«, der rechtlich anders liegt. Besonders kritisch ist die Situation von Pferdebesitzern, die ihr Pferd in kleinen, inoffiziellen Anlagen unterstellen, die zwar im Prinzip gewerblich betrieben, aber nicht angemeldet sind – ein häufiges Phänomen. Hier wird am Finanzamt vorbei Geld erwirtschaftet und diese Betriebe scheuen natürlich alles Schriftliche. Im Ernstfall hat der Pferdebesitzer schlechte Karten, will er etwa auf vereinbarten Leistungen pochen. »Wem es nicht passt, der kann ja gehen!« heißt es da schnell.

Wer Pferde berufsmäßig züchtet und ausbildet, wird vom Gesetz anders behandelt als ein privater Verkäufer.

Kaufvertrag

Eine Zwickmühle: Rechtlich gesehen werden Pferde im Rahmen des Kaufvertrages wie Sachen behandelt, anders als diese ist die »Beschaffenheit« eines Pferdes aber nicht exakt zu beschreiben und sie unterliegt einem dynamischen Wandel. Deshalb gehört in einen Pferdekaufvertrag eine möglichst genaue Beschreibung der Beschaffenheit des Pferdes, um sich im Streitfall abzusichern.

Für Pferde, die von einem Unternehmer an einen anderen verkauft werden, gelten andere rechtliche Bestimmungen als bei Pferden, die zwischen Privatpersonen (»Verbrauchern«) verkauft werden. Grundlage des Vertrages ist immer ein Tausch: Mängelfreies Pferd gegen Geld. Was ein Mangel ist, richtet sich nach den im Vertrag niedergelegten zugesicherten Eigenschaften. Wird ein Pferd als

Zuchtpferd verkauft, erweist sich aber als unfruchtbar, liegt ein Sachmangel vor. Ein Dressurpferd mit einer zugesicherten Eigenschaft »S-fertig«, das bereits an einem einfachen Galoppwechsel scheitert, ist ebenfalls mangelhaft im Sinne des Kaufvertrages. Fehlt im Vertrag eine schriftliche Auflistung zugesicherter Eigenschaften so gilt der Grundsatz: Das Pferd weist die Merkmale auf, die es zu einer »gewöhnlichen Verwendung« eignen, der Käufer kann erwarten, dass es hinsichtlich Güte und Art dem entspricht, was man allgemein erwarten kann. Klingt recht unbestimmt und ist es auch, deshalb ist es immer besser, wichtige Punkte genau festzuhalten. Dazu zählt insbesondere

- die äußere Beschaffenheit, in der Merkmale festgehalten werden, die der eindeutigen Identifizierung des Pferdes dienen (beispielsweise Chipnummer),
- die gesundheitliche Beschaffenheit (die dem Ergebnis der Tierärztlichen Ankaufsuntersuchung entspricht),
- die sportliche Beschaffenheit, wozu Ausbildungsstand, bisheriger Einsatz, Turniererfolge und anderes gehören sowie
- alle wichtigen Merkmale, die als Unarten oder besondere Eigenschaften angesehen werden könnten (nicht schmiedefromm, Sattelzwang, Koppen).

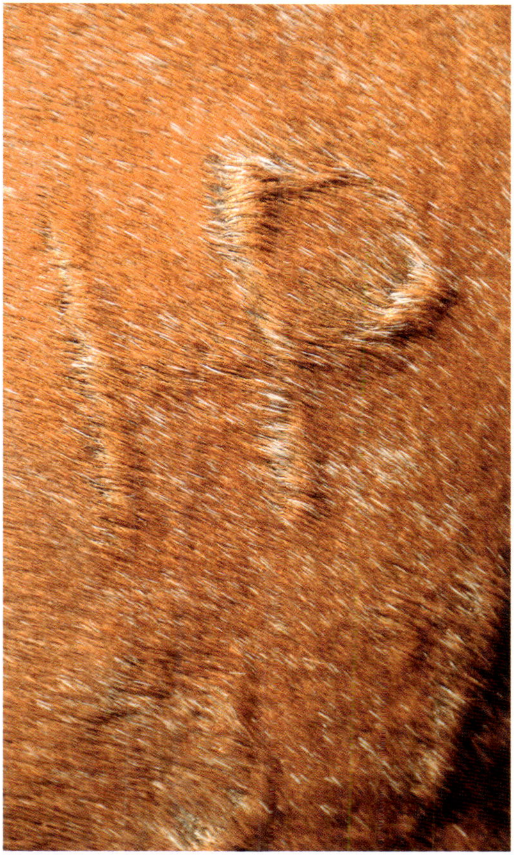

Unveränderliche Kennzeichen eines Pferdes sollten im Kaufvertrag festgehalten werden.

Nun steht das Traumpferd einige Wochen im neuen Stall, laut Kaufvertrag gesund, als Reitpferd geeignet, frei von Unarten und – lahmt plötzlich. Eine Röntgenaufnahme zeigt Veränderungen im Bereich des linken Sprunggelenkes – das Traumpferd hat Spat, hat einen Mangel. Der Tierarzt schüttelt besorgt den Kopf. Und nun?

Jetzt kommt es auf den Status der Vertragspartner an, denn danach richtet sich die Verjährungsfrist, also der Zeitraum, in dem der Verkäufer für Mängel haftet. Die allgemein geltende Frist von zwei Jahren kann der Privatverkäufer mit gewissen Einschränkungen bis zum kompletten Haftungsausschluss verkürzen, während der Unternehmer sie vertraglich höchstens auf ein Jahr verkürzen darf. Unterschiede gelten auch für die Beweislast: Während grundsätzlich der Käufer beweisen muss, dass ein

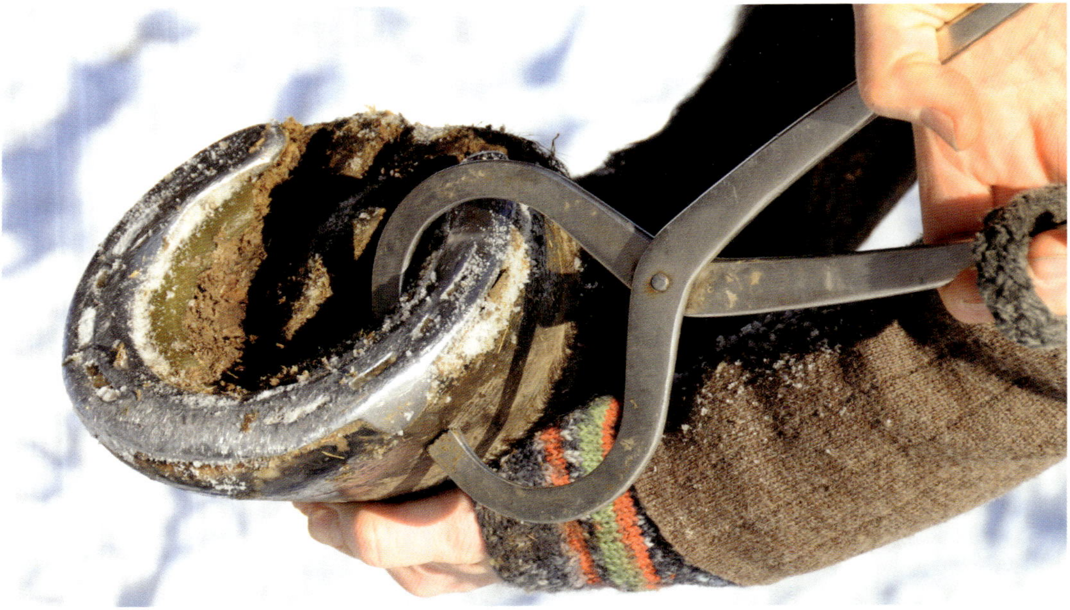

Kaum steht das Traumpferd im Stall, lahmt es und der Tierarzt schüttelt bedenklich den Kopf – was nun?

festgestellter Mangel bereits zum Zeitpunkt des Kaufes bestand, gilt dies nicht, wenn der Verkäufer Unternehmer ist – dann muss der beweisen, dass der Mangel zum Zeitpunkt des Verkaufes nicht vorlag (Beweislastumkehr). Grundsätzlich wird zwar angenommen, dass ein Mangel, der innerhalb von sechs Monaten nach dem Verkauf auftritt, auch zum Zeitpunkt des Verkaufs bereits vorlag, inzwischen aber urteilen die Gerichte differenzierter. Alles äußerst komplex und für den Laien kaum durchschaubar – wer auf Nummer Sicher gehen will, lässt sich von einem auf Pferderecht spezialisierten Rechtsanwalt beraten.

Informationen zu Verträgen und anderem Papierkram rund ums Pferd sowie Mustervereinbarungen sind im Internet oft kostenlos herunterzuladen. Vorsicht bei den zahlreichen völlig uninformierten Forumsbeiträgen zu dieser Thematik, die Gerichte entscheiden nach Rechtslage, nicht nach individueller Meinung und laienhafter Rechtsauffassung!

Alles sicher?

»Mit der richtigen Versicherung kann Ihnen nichts passieren!« – glaubt man der Werbung, händigen Versicherungsgesellschaften mit der Police gleichzeitig einen Freifahrtschein fürs Leben aus. Versicherungen schützen natürlich nicht vor den unvermeidlichen Pannen des Lebens, können Sie aber vor so mancher Pleite bewahren. Das zugrunde liegende Prinzip ist einfach: Risiken werden abgesichert, indem sie in ein Kollektiv eingebracht werden. Jeder

Unfälle passieren meist in Alltagssituationen und nicht etwa dort, wo es rasant zugeht – sind Sie abgesichert?

Versicherungsnehmer zahlt einen kleinen Geldbetrag in einen gemeinsamen Topf, dem dann beim Eintreten eines Schadensfalls der zum Schadensausgleich nötige Geldbetrag entnommen wird. Eine Versicherung deckt immer ein genau festgelegtes Risiko ab und ist nur dann zuständig, wenn ein entsprechender Schaden eingetreten ist. Die Rundum-Sorglos-Versicherung existiert leider nicht, und ebenso wenig ist ein umfassender, viele Risiken abdeckender Versicherungsschutz aus der Portokasse zu bezahlen. Versicherungen rund um Pferd und Reiter können

- den Reiter, Pferdehalter oder Züchter selbst,
- das Pferd,
- unbeteiligte Dritte,
- beruflich mit Pferd und Reiter befasste Personen sowie
- Gegenstände und Einrichtungen schützen.

Unabhängige Versicherungsberater (Versicherungsmakler) können Ihnen aus der Flut an Angeboten das für Sie günstigste und am besten passende fischen. Sie sind an keine Versicherungsgesellschaft gebunden, sondern stehen auf der Seite des Versicherungsnehmers – Ihrer Seite. Von ihnen ist in der Regel eine gute, objektive Beratung zu erwarten. Vertreter eines bestimmten Versicherungsunternehmens (Ausschließlichkeitsvertrieb) verkaufen Ihnen ihre eigenen Produkte – das müssen nicht die schlechtesten sein, eine objektive Beratung aber kann man nicht erwarten. Günstig ist häufig der Direktvertrieb von Versicherungen, also der Verkauf direkt vom Versicherungsunternehmen an den Versicherungsnehmer, ohne zwischen geschaltete

Berater. Der Direktvertrieb ist aber nur dann sinnvoll, wenn keine Beratung notwendig ist. Ein gewisses Misstrauen ist bei Super-Sonderangeboten angebracht, oft sind die Deckungssummen zu gering oder der Vertrag wimmelt nur von Ausschlussklauseln – im Schadensfall stehe Sie dann doch alleine da. Also: Das Kleingedruckte lesen!

Versicherung	Welche Risiken werden abgedeckt?
Reiter-Unfallversicherung	Nicht nur Reitunfälle, sondern auch andere Unfälle im Zusammenhang mit der Ausübung des Reitsports
Berufsunfähigkeitsversicherung	Berufsunfähigkeit
Tierhalter-Haftpflicht	Schäden, die durch ein Pferd an Menschen oder Sachen verursacht werden, unabhängig vom Verschulden des Halters; nicht eingeschlossen sind Schäden, die der Pferdehalter selbst oder ein im gleichen Haushalt lebendes Familienmitglied erleidet
Tierhüter-Haftpflicht	Schäden durch ein in Obhut genommenes Pferd
Transportversicherung	Schäden, die ein Pferd beim Transport erleidet
Krankenversicherung	Übernahme von Tierarztkosten
Operationskostenversicherung	Übernahme von Operationskosten
Lebendtierversicherung	Lebensversicherung fürs Pferd
Leibesfruchtversicherung	Decktaxe und Fohlen
Dauernde Unbrauchbarkeit	Bei Krankheiten oder Unfallfolgen, durch die das Pferd nicht mehr genutzt werden kann
Pferdeanhängerversicherung	Unfälle durch ein Gespann
Pferderechtsschutzversicherung	Rechtsstreitigkeiten rund ums Pferd
Berufshaftpflicht und/oder Betriebshaftpflicht	Mit Berufsausübung rund ums Pferd (Hufschmied, Pensionsstall, Tierarzt) verbundene Risiken
Ausrüstungsversicherung	Diebstahl der Ausrüstung

Abschließen, ja oder nein?
Besser ist eine allgemeine Private Unfallversicherung mit Einschluss des Reitrisikos oder eine Freizeit-Unfallversicherung
Grundsätzlich sinnvoll, nicht nur für Reiter, die evtl. aufgrund eines Reitunfalls ihren Beruf nicht mehr ausüben können
Ein absolutes Muss für jeden Pferdebesitzer; auf hohe Deckungssumme (3 Mio. €) achten; Fremdreiterrisiko (Reitbeteiligung) einschließen
Wichtig für Pferdefreunde, die gewerbsmäßig Pferde in Obhut nehmen
Bei Pferden, die häufig transportiert werden oder bei besonders wertvollen Pferden auch bei einmaligem Transport sinnvoll
Ein »Kann«, das teure Krankheiten finanziell kalkulierbarer macht
Kann Leben retten; sinnvoll auch durch regelmäßige Rücklagen zu ersetzen
Vor allem bei teuren Pferden sinnvoll
Bei hohen Deckgebühren sinnvoll
Dauerhafte Unbrauchbarkeit tritt sicher öfter ein als Tod oder Nottötung, deshalb evtl. sinnvoller als Lebendtierversicherung
Abzuschließen vom Halter des Anhängers
Für gewerbsmäßige Käufer/Verkäufer empfehlenswert
Ein »Muss« für alle, die mit Pferden ihren Lebensunterhalt verdienen
Bei teurer Ausrüstung sinnvoll; greift nur bei Einbruch-Diebstahl

Die nebenstehende Tabelle gibt einen Überblick über dringend notwenige und mögliche Versicherungen.

ABC der Versicherungen

Als Pferdebesitzer ist man automatisch Tierhalter und haftet damit für Schäden, die das eigene Pferd an Menschen und Sachen verursacht. Dabei spielt es keine Rolle, ob der Besitzer diese Schäden schuldhaft verursacht hat oder nicht. Tierhalter ist auch jede andere Person, die nicht nur vorübergehend das Pferd im eigenen Interesse nutzt, eine Reitbeteiligung etwa. Sie können Ihr Pferd über eine Krankenversicherung und/oder eine Operationsversicherung absichern und sich so vor Kosten durch Krankheiten oder Unfälle schützen, die Sie selbst nicht tragen können oder wollen. Das Risiko des Verlusts durch Tod oder der dauernden Unbrauchbarkeit kann über eine Lebendtierversicherung (dabei ist die dauernde Unbrauchbarkeit nicht immer eingeschlossen) und/oder eine Ausbildungsversicherung für Pferde (ein spezielles Angebot für jüngere Pferde) abgedeckt werden.
Ihr eigenes, mit der Ausübung des Reitsports verbundenes Gesundheitsrisiko können Sie durch eine spezielle Unfallversicherung – denkbar sind normale Unfallversicherungen, Freizeit-Unfallversicherungen oder Reit-Unfallversicherungen – absichern. Diebstahlversicherungen helfen bei Sattelklau, Transportmittelunfallversicherungen und Pferdeanhängerversicherung bei Schäden am Pferd infolge eines Transports oder Schäden, die das Gespann an Dritten verursacht hat.

Darauf sollten Sie achten

Lesen Sie immer das Kleingedruckte und überprüfen Sie, ob alle relevanten Aspekte abgesichert sind

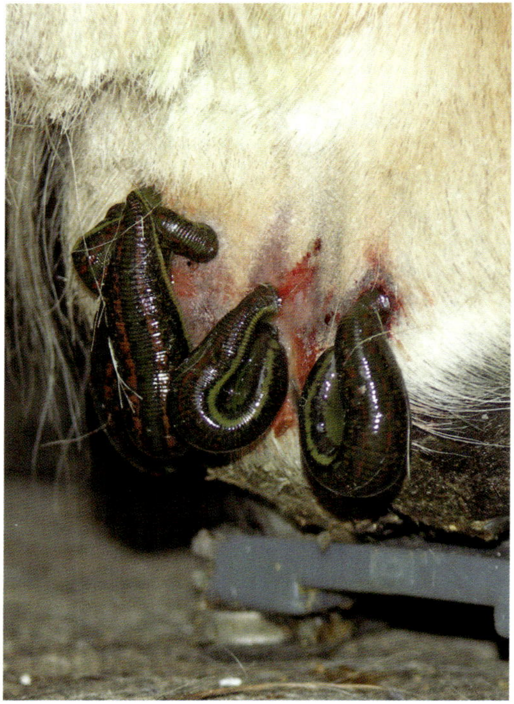

Die Behandlung chronischer Erkrankungen wie einer Arthrose ist sehr zeit- und kostenaufwendig, da hilft eine Krankenversicherung fürs Pferd.

und unter welchen Umständen der Versicherungsschutz besteht. Achten Sie auf Auflagen, etwa die Höhe eines Weidezauns betreffend. Sparen Sie nicht an der Versicherungsprämie, indem Sie eine Versicherung mit niedriger Deckungssumme abschließen. Im Schadensfall – Pferd kommt frei, rennt auf Autobahn, verursacht Massenkarambolage mit Toten und Verletzten – können Forderungen von vielen Millionen Euro entstehen, und die können Sie unmöglich selbst tragen! Wenn Sie Angebote verschiedener Versicherer vergleichen, dürfen Sie deshalb nicht nur die Prämie als Messlatte anlegen, sondern müssen überprüfen, welche Versicherung welche Risiken mit welchen Deckungssummen absichert. Überprüfen Sie, ob Sie als Vereinsmitglied Anspruch auf Rabatt haben und rechnen Sie nach, ob bei Abschluss mehrerer Versicherungen beim gleichen Anbieter finanziell lohnenswerte Nachlässe gewährt werden (Kombi-Pakete).

Geben Sie bei Abschluss einer Versicherung ehrlich Auskunft und informieren Sie Ihren Versicherer, wenn sich relevante Aspekte im Leben des Pferdes ändern. Bei einer Lebendtierversicherung spielen etwa der Einsatz und der Wert des Pferdes eine entscheidende Rolle bei der Festlegung von Versicherungssumme und Prämie. Versicherungen können das Reiten nicht im eigentlichen Sinne sicherer machen, sie bieten trotzdem ein wertvolles Stück Sicherheit. Im Falle eines Falles fallen Sie einfach weicher, wenn ein finanzielles Polster da ist ...

Das erste eigene Pferd – vieles hat man sich vor dem Lesen dieses Buches wohl leichter vorgestellt, manches im Vorfeld sicher nicht bedacht, einiges überrascht wahrgenommen. Wenn der Eindruck zurückbleibt, dass man sich mit dem Kauf des ersten eigenen Pferdes auf ein Abenteuer einlässt, das einen mal an seine Grenzen bringt, mal beflügelt weit darüber hinaus führt, hat dieses Buch seinen Zweck erfüllt. Und wenn doch Zweifel zurückbleiben, dann blättern Sie einfach noch einmal rasch durch und sehen sich die Bilder von Pferden und ihren Menschen an. Ich warte solange.

Ist es Ihnen auch aufgefallen? Alle sehen irgendwie glücklich aus. Alle haben irgendwann diesen Schritt getan. Und Sie können das auch – ich wünsche Ihnen und Ihrem Pferd viel Glück dabei!

Noch viel Spaß zusammen auf dem gemeinsamen Weg!

Angelika Schmelzer lässt sich als freiberufliche Pferdefachjournalistin und Pferdefotografin nicht nur am Arbeitsplatz, mit Blick auf die eigenen, über die Höhen des Hunsrück galoppierenden Pferde, heimeligen Geruch um die Nase wehen. Auch in ihrer Freizeit sammelt sie im Stall neue Ideen für ihr nächstes Buch, interessante Artikel oder reizvolle Fotografien. Pferde sind aus ihrem Leben nicht wegzudenken. Persönlich wie beruflich ist sie dem anspruchsvollen Reiten jenseits von Turnierplätzen und Shows verpflichtet. Dies spiegelt sich auch in ihren inzwischen knapp 30 veröffentlichten Fachbüchern wieder. Jahrelange Erfahrung in der Haltung und Ausbildung und der tagtägliche Umgang mit ganz unterschiedlichen Pferden sorgt für jede Menge Bodenhaftung und Praxisnähe in ihren Texten, der alle Pferdefreunde einende Traum vom Glück auf dem Rücken der Pferde findet sich in ihren Fotografien wieder.

Unsere Erfolgsreihen auf einen Blick

Die Reitschule *(Auswahl)*

Heinrich Bergmann-Scholvien, **Arbeit an der Doppellonge**, ISBN 978-3-275-01805-5
Urte Biallas, **Bodenarbeitskurs**, ISBN 978-3-275-01830-7
Monika Hannawacker, **Zirkuslektionen**, ISBN 978-3-275-01831-4
Marlit Hoffmann, **Reiterrallyes – Reiterspiele**, ISBN 978-3-275-01850-5
Ute Holm/Carola Steen, **Westernreiten für Einsteiger**, ISBN 978-3-275-01858-1
Hannelore Leiser, **Voltigieren für Einsteiger**, ISBN 978-3-275-01856-7
Jutta Plötz, **Islandpferde – halten, pflegen, reiten**, ISBN 978-3-275-01829-1
Angelika Schmelzer, **Pferde erziehen**, ISBN 978-3-275-01709-6
Britta Schön, **Mein erster Turnierstart**, ISBN 978-3-275-01777-5
Viviane Theby, **So lernen Pferde**, ISBN 978-3-275-01804-8
Sigrid Weppelmann/Sandra Mensmann, **Longieren**, ISBN 978-3-275-01727-0
Sigrid Weppelmann, **Basispass Pferdekunde**, ISBN 978-3-275-01750-8
Inga Wolframm, **Angstfrei reiten**, ISBN 978-3-275-01729-4

Die Hundeschule *(Auswahl)*

Annegret Bangert, **Begleithundprüfung**, ISBN 978-3-275-01779-9
Ann-Sophie Griebel, **Clicker-Training**, ISBN 978-3-275-01714-0
Micaela Köppel, **Spiel und Spaß für jeden Tag**, ISBN 978-3-275-01732-4
Petra Krivy/Angelika Lanzerath, **Darf der das?**, ISBN 978-3-275-01835-2
Petra Krivy/Angelika Lanzerath, **Einer geht noch ...**, ISBN 978-3-275-01863-5
Petra Krivy/Angelika Lanzerath, **Was ein Welpe lernen muss**, ISBN 978-3-275-01689-1
Petra Krivy/Angelika Lanzerath, **Hunde verstehen**, ISBN 978-3-275-01756-0
Petra Krivy/Angelika Lanzerath, **Gut erzogen von Anfang an**, ISBN 978-3-275-01731-7
Petra Krivy/Angelika Lanzerath, **Mein Hund im Flegelalter**, ISBN 978-3-275-01810-9
Uta Reichenbach/Tanja Sinner, **Agility**, ISBN 978-3-275-01660-0
Monika Schaal/Ursula Breuer, **Gastfreundlich**, ISBN 978-3-275-01862-8
Monika Schaal/Ursula Breuer, **Komm zu mir!**, ISBN 978-3-275-01623-5
Monika Schaal/Ursula Daugschieß-Thumm, **Lockere Leine**, ISBN 978-3-275-01621-1
Julia Schuster/Jochen Schleicher, **Dog Frisbee**, ISBN 978-3-275-01755-3
Beate Schwarz, **Dummy-Training**, ISBN 978-3-275-01690-7
Manuela van Schewick, **Apportieren mit Spaß**, ISBN 978-3-275-01754-6

happy cats *(Auswahl)*

Sylvia Born, **Katzenkinderstube**, ISBN 978-3-275-01864-2
Nina Ernst, **Zufriedene Stubentiger**, ISBN 978-3-275-01760-7
Gabriele Müller, **Miau – Katzensprache richtig deuten**, ISBN 978-3-275-01782-9
Gabriele Müller, **Katzenspiele**, ISBN 978-3-275-01811-6
Annette Thomée, **Gesunde Katze**, ISBN 978-3-275-01839-0

Jedes Buch mit 96 Seiten,
ca. 80 Abb., broschiert,
je **€** 9,95/sFr 18,90/**€**(A) 10,30